领略万物的神奇与美妙

博物百科大图鉴

【法】夏尔·亨利·德萨利纳·奥尔比尼◎著　李安瑞◎编译

DICTIONNAIRE UNIVERSEL
D'HISTOIRE NATURELLE

科学技术文献出版社
SCIENTIFIC AND TECHNICAL DOCUMENTATION PRESS
·北京·

图书在版编目(CIP)数据

博物百科大图鉴 / (法) 夏尔·亨利·德萨利纳·奥尔比尼著;李安瑞编译. — 北京:科学技术文献出版社,2023.1

ISBN 978-7-5189-9629-2

Ⅰ.①博… Ⅱ.①夏… ②李… Ⅲ.①植物—图集②动物—图集 Ⅳ.①Q94-64②Q95-64

中国版本图书馆CIP数据核字(2022)第183705号

博物百科大图鉴

责任编辑:王黛君　宋嘉婧　　　产品经理:白　丁　　　　特约编辑:温爱华
责任校对:张吲哚　　　　　　　　责任出版:张志平

出　版　者	科学技术文献出版社	
地　　　址	北京市复兴路15号　　邮编　100038	
编　务　部	(010)58882938,58882087(传真)	
发　行　部	(010)58882868,58882874(传真)	
邮　购　部	(010)58882873	
销　售　部	(010)82069336	
官　方　网　址	www.stdp.com.cn	
发　行　者	科学技术文献出版社发行　全国各地新华书店经销	
印　刷　者	雅迪云印(天津)科技有限公司	
版　　　次	2023年1月第1版　　2023年1月第1次印刷	
开　　　本	787×1092　1/16	
字　　　数	90千	
印　　　张	16	
书　　　号	ISBN 978-7-5189-9629-2	
定　　　价	168.00元	

前言

19世纪，在那个科技还不够发达、科学知识体系还不够健全的时代，博物学家们会采用图谱的方式向人们传递自然科学知识。一本图典，不仅需要画者拥有高超的绘画技巧，还需要博物学家拥有强大的理论知识，甚至他们可能还需要为此去远航进行探险活动。

《通用博物学大词典》（*DICTIONNAIRE UNIVERSEL D'HISTOIRE NATURELLE*）就是在这样的大环境下诞生的。这本书由法国著名博物学家阿尔西德·夏尔·维克托·马里·德萨利纳·奥尔比尼（Alcide Charles Victor Marie Dessalines d'Orbigny）和他的弟弟——法国著名植物学家、地质学家夏尔·亨利·德萨利纳·奥尔比尼（Charles Henry Dessalines d'Orbigny）两人共同完成，被誉为"19世纪最杰出的博物学百科全书之一"。全书一共有13卷，9000多页，其中图卷有3卷。

阿尔西德·夏尔·维克托·马里·德萨利纳·奥尔比尼从1826年开始，用了8年的时间对南美洲进行考察，他回法国的时候带回了超万件样本。在弟弟夏尔·亨利·德萨利纳·奥尔比尼的主持下，从1843年开始，两人在其他众多科学家的帮助下，直到1849年才完成了这部传世之作。

其中，图卷里的手绘画作线条优美，色彩柔和，画师对细节的把控更是精准到位，给读者带来了很强烈的真实感。在那个没有数码相机和电脑的时代，这样的科学作品通过艺术的形式将自然中的物种活灵活现地展现在人们面前，大大增强了科普的趣味性和观赏性，为当时的人们呈现出一个动人的自然科学世界。今天，编译者为这些画艺精湛的自然手绘作品配上了文字讲解，将传统与现代相结合，为读者奉上一本别具一格的自然科普书。

这里需要说明的是：编译者根据生命树将原书进行了新的排序，查尔斯·罗伯特·达尔文在 1837 年画出了生命进化树的草图。后来，随着新物种的不断发现和科学的进步，生命树被不断丰富、改进和精化。同时，随着时间的推移，很多曾经出现在生命树上的物种已经灭绝了，所以生命树并不是绝对的、一成不变的，这只是编译者排序内容的一个工具。同时，由于年代久远，原书中一些物种的拉丁文发生了变化，有的分类也发生了变化，还有部分物种甚至已经灭绝了，加上当时各种条件的限制，大自然物种数量又是如此庞大，原版图卷中有些类别下物种数量有限，因此，本版书中，部分类别下的物种数量描述不多，部分现有的已知种类在本版书中并没被提及，敬请读者谅解。

目录

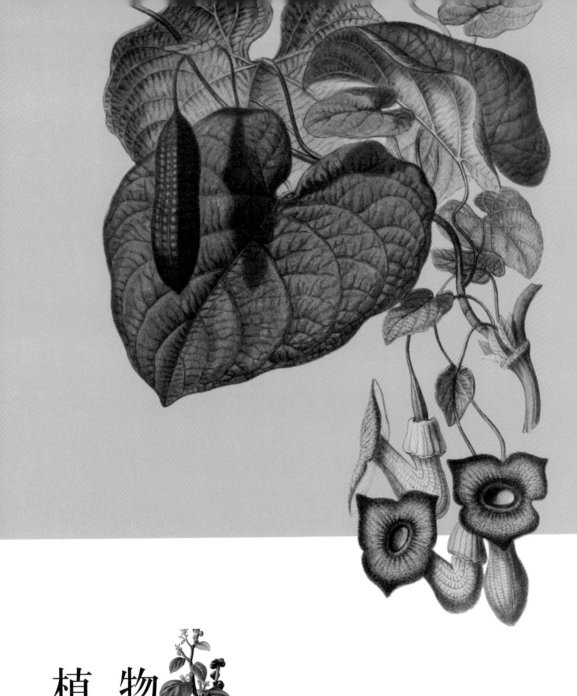

植 物

大部分植物（Plants）是很容易被人们从其他生物中区分出来的：它们可以利用阳光的能量合成生长所需要的营养；它们不能像很多动物那样自行活动；

大部分植物拥有根、茎、叶的结构。地球上已知的现存植物种类至少有几十万种，它们形态多样，体形变化大，生活环境多样。有体形庞大的乔木，有体形小巧的苔藓；有在水上生活的睡莲，有在沙漠中生活的棕榈；有的看上去毫不起眼，有的则十分艳丽夺目。植物可以为其他生物提供食物和营养，提供生存环境，是地球生态中必不可少的一类。

这是蕨类植物门（Pteridophyta）下的一种蕨类植物。

蕨类植物是一群古老又高度分化的植物，它们是靠孢子进行繁殖的。孢子体大多为多年生草本，进化水平高，有维管组织，通常还有根、茎、叶的分化。它们的孢子囊有的群生，有的单生，常聚集在叶片背面，呈点状或线状，而生着孢子囊的叶子又被称为"孢子叶"。有的蕨类，它们的孢子叶在茎顶集生，形成一个孢子叶球。蕨类植物不只有孢子叶，还有营养叶（负责合成养分）。成熟的孢子会从孢子囊内散出来，而后发育成一种形体简单的原叶体，这种过渡形态被称为"配子体"。配子体上有生殖细胞，在完成受精后，会发育成能产生孢子的成熟植物体。

蕨类植物形态差异大，小的叶片只有1厘米，大的形如乔木，能长到15米高。大多数的蕨类幼叶是蜷缩在一起的，随着生长，蜷缩的幼叶会逐渐舒展成大小不一的叶片。通常，蕨类植物拥有根状茎和须状根，它们生命力顽强，遍布在温带及热带地区，无论在高海拔的山区还是近水区域，甚至淡水中，都能发现它们的踪影。

备注

除了蕨类，大自然中需要靠孢子进行繁殖的植物还包括苔藓类和藻类。下面为大家展现的将是一些种子植物，它们有传统意义上的花、种子，靠种子进行繁殖。

海岸松 *Pinus pinaster*

◆ 松科　高达 35 米

塔尖形树冠，松果较大，圆锥状或卵圆形。喜欢在光照充足、温暖的地方生长，即使在贫瘠的沙地也能快速成长。原产自地中海。

松柏类在传统分类学中属于裸子植物，这类植物靠种子繁殖，但是它们的种子是裸露的，因此松柏类植物并没有传统意义上的花，它们的蜂花粉和种子是由球花与球果产生的。

海枣 *Phoenix dactylifera*

◆ 棕榈科　高达 35 米

这是来自中东地区的棕榈类植物，叶柄细长，花序密集呈圆锥样。果实长椭圆形，肉肥，可供食用。这种植物能在热带及亚热带地区生长，耐高温、干旱。

五彩芋 *Caladium bicolor*

◆ 天南星科　高达 25 厘米左右

这种原产自南美的植物，变种多，叶子色彩丰富艳丽，常被当作一种观赏性植物，有广泛的栽培。多年生，有膨大剧毒的扁球形块茎。

芦荟 *Aloe* L.

◆ 阿福花科

这种多年生植物的叶子是肉质的，端部
尖，叶子的边缘往往有硬刺，圆筒状花
被。原产于非洲，主要分布在热带地区。

郁金香 *Tulipa gesneriana* L.

◆ 百合科

这是一种多年生草本植物，它们一般有 2~4 枚长卵形的叶子，叶子一般会反曲，花朵较大，花被呈钟状。郁金香被一些国家视为国花，主要分布在地中海及中亚地区。

虎皮花 *Tigridia pavonia*

◆ 鸢尾科　高 40~60 厘米

这种鸢尾植物原产自危地马拉及墨西哥，圆锥形球茎，剑形的叶子，花瓣呈三角形，上有虎纹一样的斑纹。

芭蕉 *Musa* L.

◆ 芭蕉科

香蕉也是芭蕉属的植物。多年生，有长圆形的大叶片，叶柄粗壮，下部会增大形成叶鞘，花序一般下垂，浆果肉质。主要分布在热带和亚热带地区。

鹤望兰 *Strelitzia reginae*

◆ **鹤望兰科** 高达2米

这是一种没有茎的多年生草本植物，叶柄细长，叶鞘呈啄状，是一种靠蜂鸟传粉的鸟媒植物，属亚热带植物。原产自南非。

美人蕉 *Canna indica* L.

◆ **美人蕉科** 高达2米

这种观花植物不耐寒，喜欢充足的阳光，它们的花外围大多是退化的雄蕊。多年生，原产自热带地区，现在已培育出多个品种。

艳山姜 *Alpinia zerumbet*

◆ **姜科** 高达 3 米

这种花的根茎可以食用，宽大的披针形叶子边
缘有一些短毛，花常常是下垂的，主要分布在
亚洲。

秋海棠 *Begonia* L.

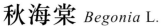

◆ 秋海棠科

多年生草本植物，叶子一般呈卵状或掌状，边缘通常有钝齿，一般是雌雄同株。广泛分布在热带和亚热带地区。

铁海棠 *Euphorbia milii*

◆ 大戟科　高达 1.8 米

铁海棠又称"虎刺梅"，这是一种蔓生的灌木，枝干上有密密麻麻的刺，叶子一般集中在嫩枝上面，不耐寒，原产自马达加斯加。

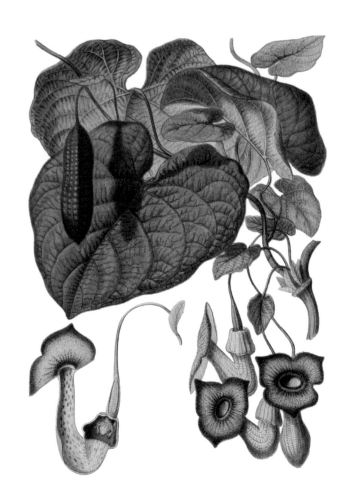

美洲马兜铃 *Aristolochia macrophylla*

◆ 马兜铃科

这是一种藤蔓类植物，叶片大，花被的管基部通常膨大，花看上去像个烟斗。广泛分布在热带和温带地区。

白花丹 *Plumbago* L.

◆ 白花丹科

白花丹是一种常绿亚灌木，蔓状。白花丹属植物主要分布在热带地区，常见的花冠一般是白色或淡蓝色。此外，白花丹属下还有花冠为红色或紫红色的紫花丹（*Plumbago indica*）。

落葵 *Basella alba*

◆ 落葵科 长达 4 米

这是一种一年生的草本缠绕类肉质植物，多汁液的球形浆果颜色由红至黑。原产自亚洲热带地区。

须苞石竹

Dianthus barbatus

◆ 石竹科 高达60厘米

　　这是一种多年生草本植物，具披针形叶子，直立的茎上有棱，花朵常聚集在一起，短花梗。原产自欧洲。

铁线莲 *Clematis* L.

◆ 毛茛科

该属的植物各大洲均有分布，可以作为观赏性植物种植，同时，由于有的种类含有某些特殊的化学物质，也会被拿来药用。

香石竹 *Dianthus caryophyllus*

◆ 石竹科　高约 70 厘米

这种多年生草本植物，在中国有广泛的栽培，直立的茎是丛生的，花梗比花萼还要短，花朵往往单独生长在枝端，有香味。主要分布在欧洲和亚洲。

巴婆果

Asimina triloba

◆ **番荔枝科** 高5~10米

巴婆果原产自美国，一般靠河生长，适应性强，椭圆形的浆果既可以食用，也可用于提取香料。

棉
Gossypium hirsutum

◆ 锦葵科　高约 1.5 米

棉的叶子似鸭掌状，花有 5 瓣，大部分种子被白色的棉纤维包裹着。棉是一种很重要的经济作物，棉纤维可以用来做纺织原料。棉花原产自印度。

亚麻 *Linum usitatissimum* L.

◆ 亚麻科

亚麻含有人类最早使用的一种天然植物纤维，不仅如此，有的亚麻品种还可以做成亚麻油。原产自地中海，现已被广泛栽培。

非洲芙蓉

Dombeya wallichii

◆ 锦葵科 高2~10米

这种常绿植物的叶子呈心形，
表面比较粗糙，边缘有钝齿。
花序伞状，多聚集在一起，
全开的时候像个花球悬垂在
树上。主要分布在热带地区。

柠檬 *Citrus limon*

◆ 芸香科

柠檬的叶子常绿，果实有黄皮的也有绿皮的，顶端有小的凸起，果肉是酸的，果皮不好剥离。原产自东南亚，现广泛分布在热带地区。

山茶 *Camellia japonica*

◆ 山茶科　高达13米

山茶一般是灌木或乔木，叶子是椭圆形革质的。花色为淡红色至红色，顶生，没有梗。山茶在中国地区有广泛栽培。

百叶蔷薇

Rosa centifolia

◆ 蔷薇科 高2~3米

这种小型灌木的身上有很多小刺，叶子的边缘通常是锯齿状的。有很多园艺品种，花重瓣，花色为粉色至淡红色，观赏性强，有香味，也可以提取芳香物来制作香料。中国有引进。

日本木瓜
Chaenomeles japonica

◆ 蔷薇科　高 1 米

这种名叫木瓜的矮灌木，并不是我们常说的水果木瓜。日本木瓜原产自日本，枝上面有细细的刺，砖红色的花瓣，可做观赏性绿植。日本木瓜的果实近乎球形，可药用。

倒挂金钟　*Fuchsia hybrida*

◆ 柳叶菜科　高达 2 米

这种植物的幼枝会带点红色，纤细的花根下面垂着钟状的花，花管一般是红色筒状。倒挂金钟喜欢在潮湿阴凉的地方生活，原产自中南美洲。

博物百科大图鉴

翅茎西番莲 *Passiflora alata*

◆ 西番莲科

这种藤蔓植物的花比较大，花瓣呈红色，有白色、紫色相间的丝状副花冠，浆果近乎正球形。原产自南美洲。

令箭荷花

Nopalxochia ackermannii

◆ 仙人掌科　高达 2 米

这种多年生肉质植物的枝是扁平的，有钝齿状的茎，凹进去的部分有刺，花朵似睡莲。常有人以为令箭荷花是一种昙花，但实际上，与昙花不同的是，此花多在白天展开。原产自墨西哥。

金茶藨子

Ribes aureum

◆ 茶藨子科　高 0.9~1.8 米

掌状的叶子，黄色小花带有香气，果实多汁有浆。茶藨子在北温带以及南美地区均有分布。

博物百科大图鉴

翠珠花 *Trachymene coerulea*

◆ 伞形科 高约 45 厘米

这种来自澳大利亚的草本植物，一般被当作园
艺花卉来栽培，蓝色小花聚在一起呈半球状，
十分好看。

欧石南 *Erica carnea*

◆ **杜鹃花科** 高 20~150 厘米

这种原产自欧洲至非洲的多年生灌木有很多个培育种，喜欢密集在一起缓慢地生长，叶子细小，呈针状。花朵颜色丰富，钟形的花朵常朝外或朝下生长，它们成串密集生长在一起，观赏性强。

枣 *Ziziphus jujuba*

◆ **鼠李科** 高达 10 米

这种多刺乔木的果实可以食用，口感清脆味甜，果皮颜色随着成熟由绿色逐渐变成红褐色。枣在中国、印度以及欧美地区均有种植。

树形杜鹃

Rhododendron arboretum

◆ 杜鹃花科 高 3~5 米

它的叶子是革质的，叶子一面是绿色的，一面是银白色的。花是红色的，聚集在一起形成伞形花序。中国的贵州和西藏均有分布。

报春花 *Primula* L.

◆ 报春花科

报春花这种多年生草本植物，大部分生活在暖温带，喜温不耐寒，在很多地方被认为是"春天盛开的第一朵花"。不同品种高矮不一样，花的颜色也不一样，有深红色、紫红色、黄色、白色、浅黄色等，有的品种还具有香味。

美国樱草 *Dodecatheon meadia*

◆ 报春花科

这种植物的叶片比较大，花朵一般
是粉色，下垂，花瓣上翻，看上去
像是颗正在坠落的流星，因此又被
称为"流星花"。

马缨丹 *Lantana camara* L.

◆ **马鞭草科** 高1~2米

这种灌木有的是直立的，有的是蔓状的，四方形的茎枝上有倒钩刺，管状花萼，花冠随着生长颜色由黄到红，经常能看到一簇花上有红有黄。主要分布在热带地区。

马蓝 *Strobilanthes* Bl.

◆ 爵床科

马蓝属的植物或是多年生草本，或是亚灌木，叶片的边缘通常有圆锯齿，花序顶生或者腋生。中国的西藏、云南、四川、广西等地均有马蓝属植物分布。

鼠尾草 *Salvia* L.

◆ 唇形科

唇形科（Lamiaceae）有很多我们熟知的植物，如薰衣草、薄荷、迷迭香、罗勒等，这些植物含有芳香物质，用途广泛。鼠尾草属的物种有上百种，主要分布在热带和温带地区。

厚萼凌霄 *Campsis radicans*

◆ 紫葳科 长达 10 米

这是一种具气生根的藤本植物，钟状花萼，有细长的、漏斗状的花冠筒，颜色由橙红色至鲜红色，筒部长是花萼的 3 倍，使整朵花看起来像喇叭，常簇生在一起。厚萼凌霄原产自美洲。

毛牵牛 *Ipomoea biflora*

◆ 旋花科

这是一种一年生草本植物，它们可以依靠茎去进行
缠绕或攀缘。毛牵牛的茎、叶、花甚至种子都是有
毛的，花呈喇叭形，卵状种子，具三棱。中国及越
南均有分布。

毛泡桐

Paulownia tomentosa

◆ 泡桐科 高达 26 米

这种乔木在中国有广
泛的栽培，树冠宽大
呈伞形，叶片呈心形，
花朵形似长喇叭，外
面呈淡紫色，里面颜
色浅些。

杂色豹皮花 *Stapelia variegata*

◆ 夹竹桃科 高5~10厘米

这种肉质植物没有传统意义上的叶子，四棱形的茎上有尖刺，外轮花冠像五角星一样平展出去，里面的是环形，花上面常有一些豹纹似的斑纹。原产自非洲。

大丽花 *Dahlia pinnata*

◆ 菊科 高1.5~2米

这种多年生草本植物原产自墨西哥，根粗大呈棒状，花形大且颜色鲜艳，现已被很多国家引进并培育出了非常多的新品种。

菌 类

　　菌类既可以成为盘中餐滋养人类，又可以成为病害危害人类。它们有的肉眼可见，有的小到要用显微镜才能看清。最初，人们将菌和植物归在一起，但实际上，两者是不同的。菌不含叶绿素，不进行光合作用，慢慢地，菌独立出来，自成一派。它们或是腐生或是寄生，靠直接吸收有机物来生活。菌类数量庞大，分布范围十分广泛，几乎无处不在。

美味牛肝菌 *Boletus edulis*

◆ **牛肝菌科** 菌柄长 10~18 厘米，菌盖直径长 8~25 厘米

这种牛肝菌肉质厚实，伞盖呈半球形，表面会有一些皱纹，颜色会随着成熟逐渐由肉桂色变浅，空口会随着成长由白色逐渐变成黄色。伞柄呈棒状，从上到下慢慢变粗，基本一直保持奶白色，上面会有淡色网纹。美味牛肝菌分布范围十分广泛。

　　牛肝菌属于担子菌门，担子菌门（Basidiomycota）是真菌中最高等的一类。它们形态多样，数量庞大，分布范围广，有的可以作为食用菌，有的则有毒无法食用，还有一些如黑粉菌能引起植物病害，我们常说的蘑菇就是一种担子菌。担子菌主要靠菌根来吸收营养。担子菌的子实体形态多样，光是食用菌就有伞状、片状、花朵状、球状等。担子菌靠担子产生的孢子来进行繁殖，为了将孢子传出去，它们中有的可以在成熟之际将孢子主动弹射出去，有的则需要借助大自然的风或雨水将孢子散播出去，还有的能将小动物吸引过来，通过它们将孢子带走。

　　当然，菌类种类繁多，除了这里提到的担子菌外，常见的还有子囊菌、鞭毛菌等菌类，很遗憾这里未能一一展现，敬请谅解。

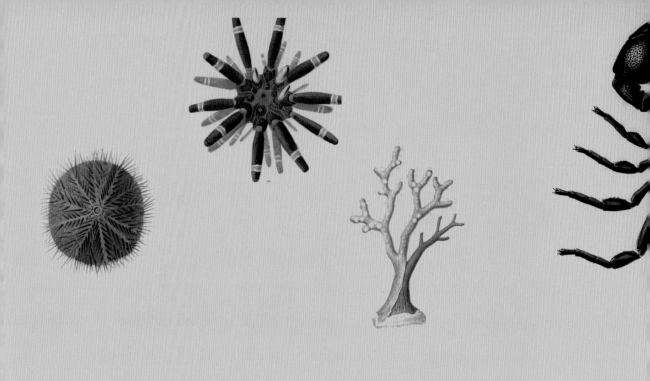

无脊椎动物

　　无脊椎动物（Invertebrate）是一类没有脊椎的动物，作为地球上最先进化出来的动物，它们现存的种类和数量是十分庞大的。虽然开始无脊椎动物是生活在水里的，但是经历了寒武纪（距今约 5.4 亿年）生命大爆发时期，它们变化出了许多种形态，发展出了更多样的生活方式。它们有的陆生，有的营浮游生活，有的甚至寄生。大部分无脊椎动物个体相对较小，但也有体形大的，比如真蛸，腕长可超 10 米。

它们形态多样，有的无脊椎动物简单得连大脑都没有；有的无脊椎动物同样生活在水中，但是已经有了发达的大脑和感觉器官。比如，头足纲动物，它们甚至拥有解决问题的能力；而昆虫则进化出了坚硬的外骨骼和灵活的翅膀，能在空中飞行；还有一些带壳类的动物，它们也进化出了坚硬的结构，同时有的种类足特别发达，可以牢牢吸附在硬物上。

棘皮动物

　　棘皮动物门（Echinodermata）的动物是一类生活在海里的生物，其大部分是底栖生物，少部分是浮游生物。它们在外形上有些差别，有星形、花形、球形以及圆筒形，但大部分是五辐射对称的。部分棘皮动物有端口和反端口，有的有管足，有的没有管足。管足虽然很微小，但是能帮助棘皮动物运动，有的还能帮助它们捕捉食物。棘皮动物大都拥有坚韧多刺的表皮，它们的骨骼发达，由坚硬的钙化结构组成。有的棘皮动物含有毒化学物质，这和那些可怕的"刺"一样，是一种自保手段。棘皮动物的取食方式多样，有的吞食，有的滤食；食性也多样，有的食草，有的食肉。

头盔海胆

Colobocentrotus atratus

◆ 海胆纲　体长可达 7 厘米

这种海胆又称"碎石海胆"，为了更好地吸附在岩石上并承受巨浪的冲击，它们的棘刺已经特化成片状的鳞甲，主要生活在夏威夷、印度洋以及西太平洋的潮间带。

巨紫球海胆

Strongylocentrotus franciscanus

◆ 球海胆科　体长可达 25 厘米

这种海胆的体表颜色范围由红色到深紫色，一般在浅海海底生活，杂食。主要分布在北美洲的太平洋海域。

沙币海胆

Echinarachnius parma

◆ 海胆纲　体长可达 7.5 厘米

这种形似硬币的海胆又被称为"沙钱"，它们拥有硬壳，身上是细密的短棘刺，方便它们挖沙以及摄食。沙币海胆主要生活在北冰洋以及北大西洋和太平洋的沿岸。

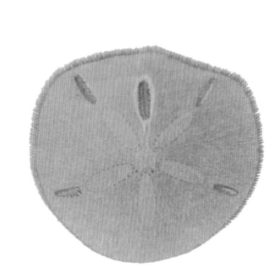

刺胞动物

　　刺胞动物门（Cnidaria）的动物大多生活在海水里，少部分生活在淡水中，属于肉食性动物。它们有触手，可以用来捕获食物，不过绝大部分刺胞动物不会主动去追捕猎物，而是等着猎物自己送上门。刺胞动物的触手上有刺细胞，当被刺激时会释放出刺丝囊。刺丝囊可以缠绕住猎物，注入毒素。刺胞动物根据身体形态又被分为水母型和水螅型。

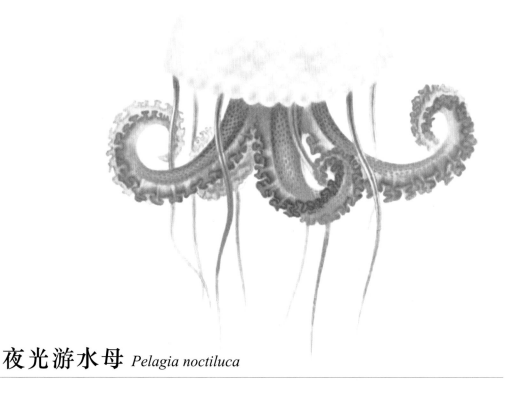

夜光游水母 *Pelagia noctiluca*

◆ **游水母科** 钟状部分宽可达 6.5 厘米，触手长可达 3 米

这种会发光的水母主要生活在大西洋、太平洋和印度洋海域，体色多样，有紫色、黄色、红色、棕色。

海葵 *Actiniaria*

◆ 珊瑚虫纲

海葵是一种没有中枢信息处理机构的食肉动物，看上去像是一朵盛开的花，那些"花瓣"实际上是围着口盘的触手。海葵分布范围很广，各大洋几乎都有发现。

红珊瑚

Corallium rubrum

◆ 红珊瑚科 体长 50~100 厘米

这种水螅型群体生物因为能作为珠宝使用而被大量开采，导致其数量急剧减少。主要分布在地中海。

筒螅 *Tubularia sp.*

◆ 水螅纲

筒螅由细长的茎部和圆筒部组成，圆筒的上部中央有触手环生的口，和大部分水螅纲生物一样，它们以群体生活在一起，一般固着在海藻或潮间带的岩石上。

苔藓动物

　　苔藓动物门（Bryozoa）的动物绝大部分生活在海水里，少部分生活在淡水里，它们的个体十分微小，被称为"个虫"（polypide）。它们以群体生活，形似苔藓，形态多样，有的钙化变硬，有的柔软。它们习性复杂，有伸缩自如的冠状触手和 U 形的消化道，肛门开口在触手冠外，因此又有"外肛动物"之称。

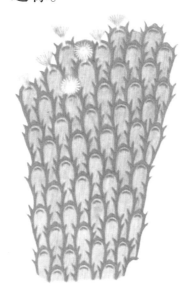

多叶藻苔虫 *Flustra foliacea*

◆ 藻苔虫科

这种苔藓动物会群居在一起生长，形成直立的叶状体。它们附着在海岸的岩石上，像植物但没有根，通常生活在北欧。

环节动物

环节动物门（Annelida）的动物有可以灵活收缩和弯曲的身体，这是因为它们的每个体节都有一套肌肉组织，这些形态相似的体节组成了体腔。环节动物有水生也有陆生，形态也有差异。有的种类具有疣足，可以游泳、行走或挖掘，比如沙蚕；有的种类吸食动物的血液，比如水蛭；有的种类可以分解植物残体，在土壤中自由穿梭，比如蚯蚓。

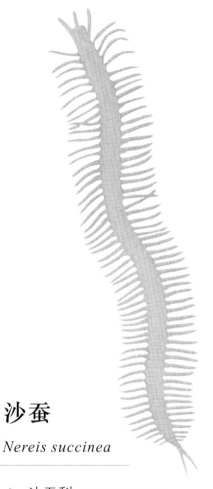

沙蚕
Nereis succinea

◆ 沙蚕科　体长可达 20 厘米

这种形似蜈蚣的环节动物又叫"海蜈蚣"，身体由多个体节构成，体节左右有对称的疣足。它们一般生活在潮间带、深海的岩石块下或沙土里，主要分布在太平洋和大西洋。

软体动物

  软体动物门（Mollusca）作为无脊椎动物中的第二大门类，其物种数量是非常多的，仅次于节肢动物。与节肢动物不同的是，软体动物的身体是不分节的。一般的软体动物有头部和足部以及内脏团与外套膜，不同的软体动物足部有不同的功能和形态：腹足纲的足比较平滑，这有利于它们在地上爬行，比如蜗牛；有的头足类动物，因捕食需要足会特化成腕，比如乌贼；有的双壳类动物足部有足丝，可以帮助它们附着在岩石上，比如贝类；等等。软体动物形态多样，有的有壳，有的没壳，不过它们都拥有柔软的身体。软体动物栖境有差异，有在陆地上生活的，也有在大海或淡水里生活的。软体动物食性多样，大多数双壳类是滤食性动物；大多数头足类动物食肉；而腹足纲的动物有的植食，有的腐食，有的肉食。

头足纲

  头足纲（Cephalopoda）动物左右对称，头部比较发达，视知觉和神经系统发展得好，包含无脊椎动物中最聪明的一些动物。它们食肉，动作敏捷，能在水中做快速移动。有的头足类动物身上有可以用来变色的特殊色素细胞，它们以此来传递感情和伪装。头足类的动物有足特化而成的腕，部分种类，比如乌贼，拥有两条可以自由伸缩、有着吸盘的触腕，章鱼则拥有 8 条都含吸盘的触腕，这些吸盘可以帮助它们捕捉食物。头足类的动物还拥有一个由足特化来的漏斗，可以用来排水或排泄，有的种类还能从漏斗处排出墨汁。绝大部分的头足类动物已经没有外壳了，仅有一小部分身上还有贝壳，比如鹦鹉螺。

真蛸

Octopus vulgaris

◆ 章鱼科

触腕长 1.5~3 米

真蛸又名"普通章鱼"，这种大型软体动物自头部伸出 8 条腕，每条强有力的腕上都有吸盘，可以用来捕猎和移动，神经系统发达，被认为是"无脊椎动物中最聪明的一种"，拥有解决问题的能力，甚至拥有长期和短期的记忆。真蛸的皮肤里含有一种可以瞬间改变体色的特殊色素，不仅可以自保，还可以用来表达情感。当它遇到危险时可以喷出具有迷惑性的墨汁，必要时它还能断腕自保，且伤腕能重新长好。真蛸的眼睛突出，视觉优秀，柔软的身体能从狭缝中穿过，拥有角质喙，喜欢吃甲壳类动物。真蛸主要分布在热带和温带海域。

腹足纲

腹足纲（Gastropoda）动物的足和腹在一起，它们可以用腹足进行吸附，固定住自己，也可以用腹足来行走。很多陆生的蜗牛和蛞蝓爬行过的地方还会留下黏液。绝大多数的腹足类动物拥有贝壳，贝壳形态多样，需要时可以保护缩进来的身体。不过，有的种类，比如蛞蝓这种腹足类动物是没有壳的。腹足类动物通常有个发达的头部，头上有触角和眼。它们还拥有像砂纸一样的齿舌，可以用来刮擦和研磨食物，食性广，有的植食，有的肉食，部分腐食。腹足纲作为软体动物中种类数量最多的一纲，其分布范围十分广泛，在海洋中、淡水里以及陆地上都能发现它们的踪迹。

普通帽贝 *Patella vulgate*

◆ **帽贝科** 体长 3~5 厘米

帽贝拥有一个圆锥形的壳，它们的足十分强劲有力，可以牢牢吸附在岩石上。当水位变低时，它们会在一个和自己壳形大小差不多的岩石低洼处休息；当水位变高时，它们就会四处活动，找寻藻类食物。普通帽贝主要分布在大西洋东北部。

蚯蚓锥螺 *Vermicularia spirata*

◆ **锥螺科** 体长 2.5~16 厘米

蚯蚓锥螺的贝壳细长，顶部部分密集螺旋盘绕。它的壳口薄，一般生活在泥沙中，雄性会自由活动，将自己埋在海绵体中发育成体形较大的静止的雌性。蚯蚓锥螺是滤食性动物，分布在加勒比海区。

延管螺 *Magilus antiquus* Montfort

◆ **延管螺科** 体长约 15 厘米

这种喜欢栖息在珊瑚礁上的螺有着管状的壳，灰白色的壳上有皱纹，主要分布在印度洋至太平洋海域。

猫眼蝾螺 *Turbo petholatus*

◆ **蝾螺科** 壳径约 7 厘米

这种蝾螺的口盖颜色是猫眼似的蓝绿色，壳口呈黄绿色或黄色，壳表面花纹丰富，草食性，取食海藻，主要分布在印度洋和太平洋海域。

无脊椎动物

海蜗牛 *Janthina janthina*

它们的足部可以分泌一种黏液，这种黏液可以形成气囊。它们的壳比较薄，很轻。海蜗牛可以借助气囊浮游在海洋中，它们以刺胞动物为食，主要生活在热带海洋中。

海兔科 Aplysiidae

海兔科是无楯目（Anaspidea）下的一科，海兔有一对大触角，它们立在那儿看上去很像兔子的耳朵，因此得名。成体有内壳，翼足发达可游泳。有的海兔在遇到威胁时会喷射出墨汁，主要以海藻为食，雌雄同体，全球海域内几乎都有发现。

玉螺科 Naticidae

这一类螺常常用足来掘沙，然后穴居在沙里，部分螺层膨大使身体呈球状。它们食肉，取食双壳类动物，分布范围十分广泛，在中国沿海的沙质海滩能见到。

骨螺科 Muricidae

这种螺的壳造型多样，有的有结节，有的有长棘，等等。贝壳种类繁多，常被当作装饰品收藏。骨螺科分布范围广，多在浅海生活。它们有的取食多毛类动物，有的取食软体动物。

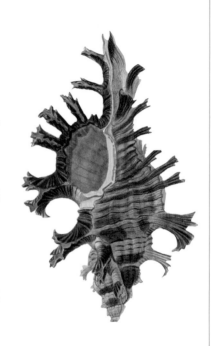

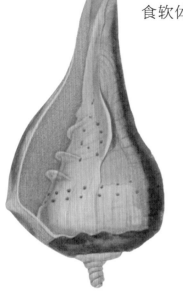

印度铅螺 *Turbinella pyrum*

◆ 拳螺科 体长 13~18 厘米

这种螺的壳比较厚重坚实，壳光滑，螺塔短，主要栖息在印度南部的浅海处。

蟹守螺科 Cerithiidae

这种螺层数多、高螺旋，形成很高的塔层，有椭圆形口盖，常躲在沙子里，行动缓慢，喜欢在沉积物富足的地方生活，分布范围很广。

阿拉伯长鼻螺

Tibia insulaechorab

◆ **凤螺科** 体长 12~22 厘米

阿拉伯长鼻螺和其他凤螺科的螺一样，唇宽厚延展，有发达的双眼，壳近前端边缘有个锯齿状缺刻，方便眼睛去观察外界的变化。阿拉伯长鼻螺的壳盖有锯齿状边缘，可以用来自卫。阿拉伯长鼻螺取食藻类和有机碎屑，主要分布在热带和亚热带海域。

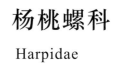

杨桃螺科

Harpidae

这种生活在沙土中的螺口盖退化或消失，螺塔低，壳口大，腹足强大，能用唾液消化蟹类，主要分布在印度洋和太平洋海域。

笋螺科 Terebridae

这种螺的壳是细长的，层数多，呈塔状。壳外表有很多丰富的图案，常藏身在沙土表层，肉食，取食蠕虫，广泛分布在印度洋和太平洋海域。

堂皇芋螺

Conus imperialis

◆ 芋螺科　体长约 7.5 厘米

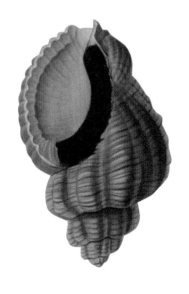

这种螺一般栖息在印度洋至太平洋浅海区的岩礁底部，呈倒圆锥形，壳坚实。大多数的芋螺科动物是食肉的，它们有毒素，可以使猎物昏迷，取食小鱼、蠕虫或其他软体动物。

蛾螺科 Buccinidae

这种纺锤形的螺是种常见的海鲜，它们的外套膜中有特殊的结构，能够敏锐地感受到水中的化学物质，从而察觉到附近的猎物。它们的吻发达，部分捕食部分腐食，分布范围十分广泛。

笔螺科 Mitridae

这种螺在印度洋至大西洋海域是很常见的，壳形多样，常见的有纺锤形和圆锥形。有的种类壳的表面是平滑的，有的则布满格子状纹路，不具有口盖，肉食。

榧螺科 Olividae

这种螺表面有丰富的花纹，没有口盖。它们的肉叶会经常伸出来养护外壳表面，使得壳表面十分光滑，肉食，主要分布在热带海域。

宝贝科 Cypraeidae

宝贝科又称"宝螺科"，其种类数量多，成体的螺旋部近乎消失。椭圆形的壳上花纹丰富，表面平滑有光泽，行动缓慢，多数有外触角，有时会伸展外套膜包住贝壳。宝贝科的分布范围很广。

双壳纲

　　双壳纲（Bivalvia）的动物体形差异大，小到 6 毫米的球蚬，大到 1.4 米的砗磲。所有的双壳类动物都是生活在水里的，大部分生活在海水中，少部分生活在淡水中。双壳类动物有的通过沉淀的方式取食，有的通过过滤的方式取食，一般对水质要求比较高，无法在污染严重的水中生活。双壳类动物拥有两片贝壳，贝壳之间由一个铰合部连接起来。当遇到危险时，它们能通过肌肉收缩将壳紧紧地闭合起来，从而保护自己柔软的肉体。双壳类动物活动方式多样，有的依靠肉足在沉积物中挖掘，有的依靠足丝牢牢吸附在硬物上，有的通过开合双壳进行游泳。

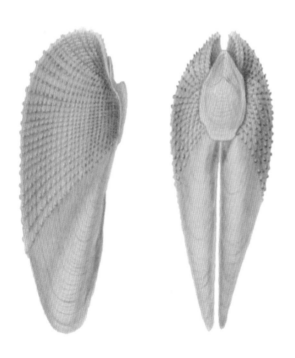

指状海笋

Pholas dactylus

◆ 海笋科　体长 12~15 厘米

这种海螂目（Myoida）动物喜欢穴居在木头或泥土中，指状海笋可以发出荧光，前方的壳像锉刀一样可以辅助挖掘，主要分布在大西洋东北部。

竹蛏 *Solen strictus*

这种帘蛤目（Veneroida）动物常常穴居，壳长而薄，有短的虹吸管，可以用来呼吸和摄食，主要取食浮游植物和有机碎屑，必要时也可以借助虹吸管喷射游泳。竹蛏分布广泛。

船蛆 *Teredo navalis*

◆ **船蛆科** 体长 1.5~2 厘米

这种动物形似蠕虫，白色贝壳很小，位于身体前端，身体其余部分有薄薄的石灰质物质包裹，经常在木船上钻洞穴居，分布广泛。

蚶蜊科 Glycymerididae

这种双壳类动物和其他蚶目（Arcoida）类似，足退化，壳比较厚实，铰合部宽，略弯曲，闭壳肌强而有力，滤食，分布范围广。

鳞砗磲

Tridacna squamosa

◆ 砗磲科 体长 30~40 厘米

这种双壳类动物的壳上有一排排的鳞片状大肋，可以靠足丝进行附着，主要栖息在潮间带的珊瑚礁，取食浮游生物，还可以利用外套膜内的藻类生物进行光合作用，得到营养补给。鳞砗磲主要分布在印度洋和太平洋海域。

斑点蛤蜊

Mactra maculata

◆ 蛤蜊科 体长 36~48 毫米

这种双壳类动物有发达的斧状足部，外套膜边缘有小触手，壳近四角形，分布广泛，多生活在潮间带或浅海的泥沙中。

海菊蛤科 Spondylidae

这种动物的壳比较大，体色艳丽，外壳膜上有不规则的放射肋，有的品种外壳上还有刺状突起，多栖息在热带和亚热带浅水域的岩石或珊瑚礁上。

扇贝科

Pectinidae

扇贝的壳似扇子，大部分种类的壳表上有很多放射肋，有发达的足丝，闭壳肌发达，能利用双壳自由游动。有的种类在遇到危险时，还可以拍动双壳以喷射推进的方式进行逃避，分布范围广泛。

牡蛎科 Ostreidae

牡蛎这种经济贝类已经被很多国家引进和养殖，牡蛎的壳大而厚且不规则，足已经退化。牡蛎主要分布在热带和温带海域。

掘足纲

角贝 Dentaliidae

这种形似象牙的掘足纲（Scaphopoda）动物又被叫作"象牙贝"，全部生活在海洋里，拥有伸缩性很强的足，擅长挖掘泥沙、淤泥，营埋栖生活。掘足类动物的贝壳是中空管状，长长的，略弯曲，两端都有开口。大的那端是头足孔，称为"前端"；小的那端是肛门孔，称为"后端"。它们平时会将前端埋在泥沙中，用头和足在沉淀物中活动。虽然它们没有眼睛，但是可以利用触角叶上的头丝去找寻食物，主要取食小型的无脊椎动物，比如双壳类的幼虫。当触角叶把食物送入口中时，它们就可以使用齿舌来磨碎食用。

多板纲

石鳖

Chitonidae

石鳖科归在多板纲（Polyplacophora）下，是一种原始类型的贝类，它们身上的壳是由8块石灰质壳板连接在一起形成的。这种覆瓦状的壳与肌肉连在一起，可以灵活活动。当遇到威胁时，可以将身体蜷缩起来，用壳来保护自己。多板类动物的壳板外围还有外套膜，外套膜也被称为"环带"。它们拥有宽大的扁足，方便它们在岩石表面吸附和爬行。多板类动物没有眼睛，但是它们的壳上有感光细胞。它们有齿舌，上面覆盖着坚固的牙齿，有的取食藻类，有的取食有壳类生物。石鳖种类繁多，分布在世界各地的海洋里。

节肢动物

　　节肢动物门（Arthropoda）的动物种类数量繁多，是目前已知最多的门类。它们生活方式多样，生活环境非常广泛，天上飞的，地上、地下跑的，水里游的。有的食草，有的食肉，有的过滤水中食物颗粒，有的甚至会寄生在其他动物身上去吸食血液。节肢动物的身体是分节的，有的分成头、胸、腹三个部分，比如昆虫；有的头部和胸部愈合，成为头胸部，比如甲壳类。节肢动物的体外覆盖着几丁质外骨骼，关节处可以活动。但由于外骨骼的限制，节肢动物在成长的过程中需要定期蜕去旧的外骨骼。

昆虫类

　　化石材料显示，原始无翅昆虫出现至今大约已经有4亿年时间了，有翅昆虫则至少有3.5亿年。在漫长的历史演化中，昆虫为了生存，进化出了很强的适应能力。不仅如此，昆虫还拥有很多典型的特征，比如体躯小且有外骨骼，生殖方式多样，繁殖力强，以及绝大部分昆虫拥有强大的飞翔能力，这些特征使得昆虫的发展日益繁盛。

　　全世界现存的昆虫可能超1000万种，占地球上所有生物种类的一半以上，是地球上种类最多的一纲。目前，人类已知的昆虫种类大约有100万种，约占动物界已知种类的2/3~3/4。

虽然昆虫种类繁多，外形各有差异，但我们还是能总结出一些相同点。

成虫期的昆虫体躯由头部、胸部和腹部三大部分组成。头部是昆虫感知、联络和取食的中心，昆虫的头部有口器。口器根据昆虫的食性演化成了吸食液体型口器和咀嚼固体型口器。它们通常还有 1 对触角以及复眼、单眼。胸部是昆虫的运动中心，昆虫的胸部有 3 对足，平均分布在 3 节体节上，一般在后两节体节上还有 2 对翅。在长期演化中，昆虫的足发展出了多种功能，比如行走、跳跃、捕捉、开掘甚至游泳等。腹部是昆虫的代谢和繁殖中心，昆虫的腹部一般有 11 节体节，含有大部分的内脏和生殖系统。

昆虫与人类的生活早已息息相关：有些昆虫如蚊子、臭虫会对人类和其他动物的健康产生危害，有些昆虫如松毛虫、天牛会对农林的生产造成危害；但昆虫也有有益的方面，比如，给植物授粉，控制害虫，为人类提供工业原料等。

甲虫

"甲虫"是鞘翅目（Coleoptera）昆虫的通称，其一大特征是进化出了坚硬的鞘翅。甲虫的鞘翅作为前翅，除了可以帮助甲虫在飞行时保持平衡外，还可以保护其脆弱的膜状后翅。甲虫形态多样，适应性强，可以水栖、半水栖、陆栖，食性多样且广，可以植食、肉食、腐食。甲虫种类繁多，已知种类大概有 40 万种，是昆虫纲中最多的一目。

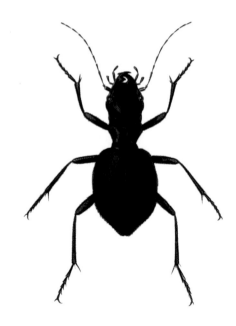

大王虎甲 *Manticora*

◆ **虎甲科** 体长可达 70 毫米

该虫体形粗壮，通体呈黑色或略深的褐色，它是世界上最大的虎甲，其上颚发达，呈镰刀状，爬行速度快，奔跑时头和上颚高高举起。肉食性昆虫学名中的"Manticora"来自传说中的"吃人怪兽"。主要分布于非洲南部。

中华虎甲

Cicindela chinenesis Degeer

◆ **虎甲科** 成虫体长 17.5~22 毫米

该虫的鞘翅底色为深绿色，头部及前胸背板前缘为绿色，背板的中部为金红色或金绿色，身上拥有强烈的金属光泽，肉食性，别名"拦路虎""引路虫"。主要分布于中国的陕西、甘肃、河北、山东、江苏等地。

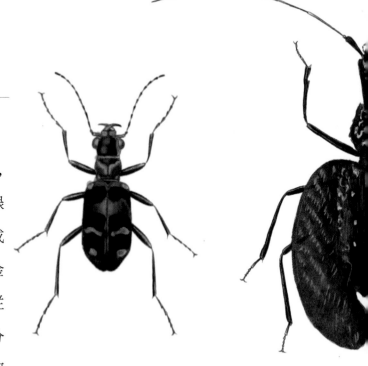

美洲黄斑屁步甲

Pheropsophus aequinoctialis

◆ 步甲科　成虫体长 15~20 毫米

该虫的头、触角、前胸背板、足都是黄色至橙黄色的，鞘翅是黄色至橙黄色且上面每侧有两个大的黑斑。黑斑会在鞘翅的缝隙处连接上，幼虫会取食蝼蛄卵，因此会用来防治蝼蛄，其主要分布在热带地区。屁步甲还有个特征：当遇到危险时，它们会从腹部释放出臭味气体和爆响声，以此来进行自我防御。

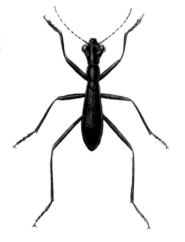

小提琴步甲

Mormolyce phyllodes

◆ 步甲科　成虫体长 60~90 毫米

该虫形似一片枯叶，体大扁平，幼虫在朽木中居住，取食真菌，成虫经常被发现在倒掉的木头下或树皮下。主要分布于东南亚热带雨林地区。

广缺翅虎甲

Tricondyla aptera

◆ 步甲科　成虫体长 16~25 毫米

该虫没有后翅，体形相对狭窄，身体是黑色或深褐色的，鞘翅上没有什么斑纹。人们对其生活史和生物学特性知之甚少，它们主要分布于马来半岛至澳大利亚北部。

球宽带步甲 *Craspedophorus angulatus*

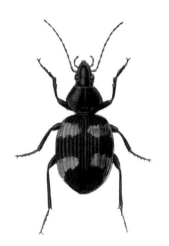

◆ **步甲科** 成虫体长 18~25 毫米

大部分的球宽带步甲拥有着相似的长相——黑色的身体、两条黄色横带的鞘翅，捕食性昆虫，常被发现在石头或木头下，腹部可以分泌防御液。主要分布于印度、孟加拉国、缅甸和中国南部的开阔林地。

边圆步甲

Omophron limbatum

◆ **步甲科** 成虫体长 5~7 毫米

该虫体形宽阔，近似圆形，头后部、前胸背板后部中央及鞘翅上的斑纹呈暗绿色，边缘呈黄色，边圆步甲分布范围广泛，常见于潮湿的沙地。

智利伟步甲

Ceroglossus chilensis

◆ **步甲科** 成虫体长 22~30 毫米

该虫体形狭长，体色艳丽，个体间的体色会有差别。由于鞘翅颜色多样，有蓝色、绿色、紫红色，边缘会呈现不同颜色。它们喜食蜗牛、蚯蚓之类的虫子，主要分布于阿根廷和智利。

龙虱科 Dytiscidae

这种虫子的成虫身体是卵圆形的，体形相对较大的如黄缘龙虱（*Dytiscus marginalis*），体长可达4厘米。龙虱生活在水里，后足是游泳足，雄虫的前足是抱握足，趋光。肉食，以水中的鱼卵、小鱼、蝌蚪和昆虫为食。

金毛熊隐翅虫 *Emus hirtus*

◆ 隐翅虫科 成虫体长18~27毫米

该虫身上有黄黑相间的毛，具有发达的上颚，主要捕食食草类动物粪便上的蝇蛆。由于现代牧场的管理方式发生了改变，这种昆虫越来越少见，主要分布在欧洲。

红斧须隐翅虫 *Oxyporus rufus*

◆ 隐翅虫科 成虫体长7~10毫米

该虫外表光滑，体色明艳，身体为橙黑相间，警惕性高，发育速度快，主要分布于欧洲。

叩甲科
Elateridae

这类虫的触角有丝状、锯齿状、栉齿状，前胸背板后角尖锐呈刺状。由于它与鞘翅的连接处是凹下去的，成虫被抓到时，会不停地"叩头"，所以又被称为"叩头虫"。幼虫是一种地下害虫，常被称为"金针虫""铁线虫"。

丛毛花吉丁
Julodis cirrosa hirtiventris

◆ 吉丁虫科 成虫体长 22~37 毫米

该虫体形较大，黑色坚硬的身体拥有蓝色金属光泽，头、前胸背板以及体背面有许多黄色的蜡质刚毛。它们喜欢在阳光充足时活动，成虫取食花粉，主要分布于非洲热带地区。

银纹大水龟虫
Hydrophilus piceus

◆ 水龟虫科 成虫体长 38~42 毫米

该虫身体呈黑色，喜欢生活在有植被覆盖的水里，比如池塘或小型湖泊，流线型的身体帮助它们更好地在水中游行，偏红色的触角有刚毛可以拒水；同时，在银纹大水龟虫潜水时，触角能将新鲜空气输入躯体，以供呼吸。它们主要分布在欧洲。

美洲覆葬甲

Nicrophorus americanus

◆ **葬甲科** 成虫体长 30~45 毫米

该虫是腐食性昆虫，经常出现在动物的尸体上，成虫在繁殖期会共同合作，一起寻找适合产卵的尸体并掩埋处理。在幼虫孵化后，双亲还会共同抚育照顾，直到幼虫发育完成并拥有独立能力，这是其他甲虫所不具备的特性。美洲覆葬甲主要分布在北美洲。

博物百科大图鉴

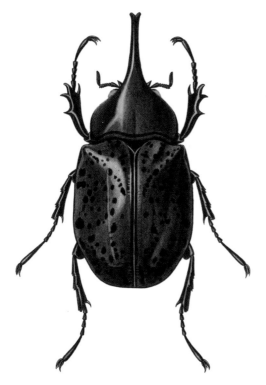

美东白犀金龟 *Dynastes tityus*

◆ **金龟科** 成虫体长 40~60 毫米

该虫体色有橄榄色、黄绿色、灰色，身上还有不规则的斑点，体形较大。雄虫头部有一个弯角，前胸背板有一个长弯角和两个短弯角，格斗时，可以用这个角当武器，雌虫则只在头部有一个瘤突。主要分布在北美洲。

粗腿耀丽金龟

Chrysina Macropus

◆ **金龟科** 成虫体长 28~40 毫米

该虫体色艳丽，身体主要是黄绿色略带铜色，雄虫后足发达，胫粗、弯曲，取食叶片；幼虫则取食腐木，历时两年才发育为成虫。粗腿耀丽金龟主要分布在墨西哥。

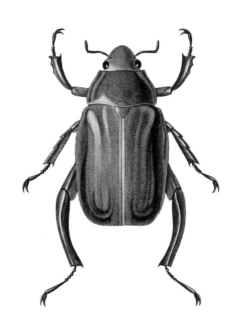

银背大角花金龟 *Goliathus cacicus*

◆ **金龟科** 成虫体长 55~100 毫米

该虫体形硕大，头部和前胸背板呈橘黄色。雄虫头部有一个分叉的、形似"Y"的前突，前胸背板有纵向的黑色条纹，鞘翅呈银白色或银灰色，主要分布在非洲。

欧洲深山锹形虫

Lucanus cervus

◆ **锹甲科** 成虫体长约 75 毫米

该虫的上颚巨大，端部开叉似鹿角状，成虫主要生活在树林里，取食树汁或果汁。幼虫主要生活在枯朽的树木里，通常需要 4~6 年的时间来发育。主要分布在欧洲中南部。

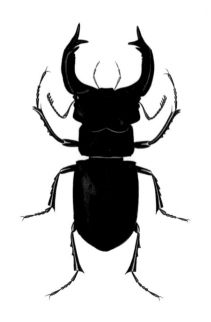

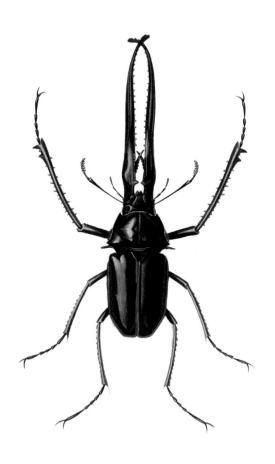

智利长牙锹

Chiasognathus grantii

◆ **锹甲科** 成虫体长 24~88 毫米

该虫体形大，体色呈浅红棕色至深红棕色，身上还带有绿色、金色或紫色的金属光泽。雄虫上颚长、腿长，上颚呈锯齿状，好斗；雌虫上颚短但是威力不小，可以咬开树木产卵，该虫能用后足摩擦鞘翅发声。主要分布在南美洲。

冠刺缘甲

Prionotheca coronata

◆ 拟步甲科 成虫体长 25~40 毫米

该虫体形大，身体背面有许多直立刚毛，身体呈黑褐色至黑色，圆阔的鞘翅边缘有一排明显的尖尖的刺。该虫不会飞，能在沙子上跑动。主要分布在欧洲南部、非洲和亚洲。

黑白长足甲

Onymacris bicolor

◆ 拟步甲科 成虫体长 13~23.5 毫米

该虫体形似卵，前胸背板呈黑色且光滑发亮，鞘翅表面有许多瘤突。为了在沙漠这样恶劣的环境下生存，这个地区的长足甲进化出了"晒雾"行为：清晨，它们会爬到沙丘上，腹部向上翘起，头部低下来，这样水汽可以凝结在腹部，再顺势流到口中。该虫主要分布在非洲热带地区。

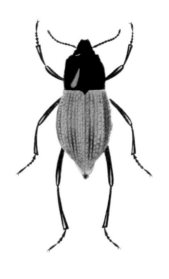

博物百科大图鉴

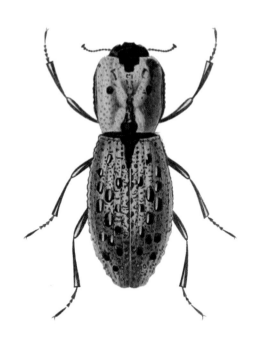

智利幽甲

Zopherus chilensis

◆ 幽甲科　成虫体长 34~46 毫米

该虫外骨骼坚硬，背面通常是灰色，上面布满小黑瘤。成虫间的体色和体长有很大的差异，成虫取食死树上的真菌。智利幽甲主要分布在墨西哥、哥伦比亚。

变色鲉甲

Sepidium variegatum

◆ 拟步甲科　成虫体长 13~15 毫米

该虫体表大部分区域有淡黄色至黑褐色的鳞片，体形长，前胸背板侧缘有一对很大的齿突。鞘翅上有纵脊，上面有大齿突，本种在体色和斑纹上变异很大。主要分布在非洲。

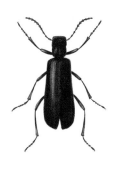

芫菁科 Meloidae

这一类昆虫的体形中等，有丝状触角，头宽等于或略宽于前胸，软鞘翅，有的种类鞘翅很短，有的种类鞘翅长过腹部，左右翅在末端不合拢。幼虫肉食，寄生或捕食，成虫植食。成虫在受到惊吓时，能分泌出一种会刺激皮肤引起瘙痒或水疱的毒液。

三锥象甲科

Brentidae

这类昆虫的头部前伸，呈直喙状，一般雌虫的喙更直、更细长，可以利用这个喙在植株上钻洞、产卵。幼虫常在植物的茎干、果实上蛀洞，造成危害。主要分布在热带地区。

红斑百合象

Brachycerus ornatus

◆ **百合象科** 成虫体长 25~45 毫米

该虫无后翅，取食大地百合的叶子，体形宽大圆润，身体呈黑色具有红斑，喙短。主要分布在非洲南部和东部。

锈色棕榈象

Rhynchophorus ferrugineus

◆ **象甲科** 成虫体长 25~38 毫米

该虫卵呈圆形，体色由红棕色至全黑色，鞘翅上有明显条沟，能对棕榈树、椰子树等植物造成严重危害。同时，幼虫又能作为食物被很多人喜爱。分布范围广泛，在亚洲、非洲、中东、地中海等地区均有发现。

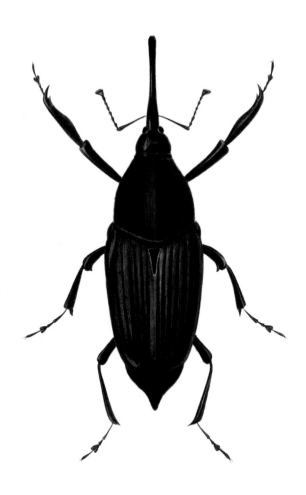

南美大薄翅天牛

Enoplocerus armillatus

◆ **天牛科** 成虫体长 70~127 毫米

该虫体形庞大，触角长，体色呈浅褐色至深褐色，主要分布在南美洲。

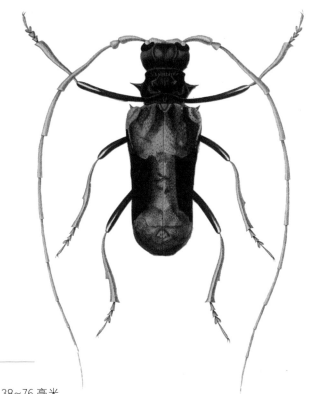

岩颚天牛

Petrognatha gigas

◆ **天牛科** 成虫体长 38~76 毫米

该虫体形大，触角似藤条，长过躯体，是非洲最大的甲虫之一，两鞘翅肩部各有一个刺突。主要分布在非洲热带地区。

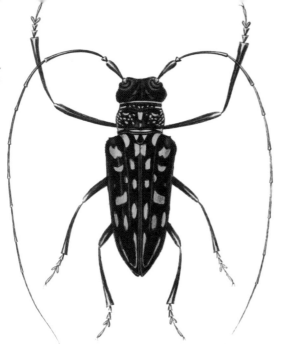

星天牛

Anoplophora chinensis

◆ 天牛科　成虫体长约 45 毫米

该虫鞘翅上有许多散生的白点，体色发黑发亮，喜欢啃食树木。主要分布在亚洲。

宝石茎甲

Sagra buqueti

◆ 叶甲科　成虫体长 30~35 毫米

该虫体色亮丽，足股节粗壮，胫节弯曲，经常被发现在大茎的藤蔓上。因为体色鲜艳，经常被昆虫爱好者收藏，主要分布在东南亚。

蝴蝶与蛾

　　鳞翅目（Lepidoptera）昆虫的翅和体躯上被密密的细小鳞片覆盖着，通常拥有发达的复眼和虹吸式口器，它们的幼虫俗称"毛毛虫"，经化蛹变成蝴蝶或蛾。蝴蝶和蛾虽然长得相似，但其形态和习性还是有区别的，蝴蝶的触角是棍棒状，而蛾的触角多样，一般不呈棍棒状；另外，蝴蝶多为昼行性昆虫，休息时翅膀并拢竖起立于背部，而蛾多为夜行性昆虫，休息时翅膀张开平置两侧。

蓝鸟翼凤蝶

Ornithoptera priamus urvillianus

◆ **凤蝶科** 翅展达 170~210 毫米

这种大型蝴蝶分布在大洋洲的巴布亚新几内亚和所罗门群岛，其幼虫寄主为马兜铃属植物，主要取食马兜铃属植物的叶，成虫访花，喜滑翔，且速度较缓慢，是CITES Ⅱ保护物种。

福布绢蝶

Parnassius phoebus

◆ 凤蝶科 翅展达 65~75 毫米

这种蝴蝶翅白色，翅脉呈黄色，前翅外缘为半透明。主要分布于中国（新疆）、蒙古、俄罗斯、哈萨克斯坦、匈牙利、瑞士、意大利、北美洲。

欧眉粉蝶 *Zegris eupheme*

◆ 粉蝶科 翅展达 17~24 毫米

这种蝴蝶主要分布在阿尔泰山、阿拉套山低山草原，后翅近乎透视，可以看到背面的云状斑纹。前翅顶角灰色内有一近似椭圆形的黄斑，下面还有一段弧形的黑带。

山黄蝶

Gonepteryx cleopatra

◆ 粉蝶科 翅展达 50~70 毫米

这种蝴蝶的翅膀为黄色，雄虫的前翅中央部分呈橙黄色，后翅的外缘中部有小的突出，主要分布在地中海周围国家。

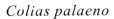

黑缘豆粉蝶

Colias palaeno

◆ **粉蝶科** 翅展达 40~45 毫米

雄性黑缘豆粉蝶的翅膀呈黄色，翅边缘有灰黑色的宽带。前翅靠近躯体部分有近似月牙形的黑斑，后翅的则近似椭圆形，在亚洲、欧洲、北美洲均有发现。

黑脉金斑蝶 *Danaus plexippus*

◆ **蛱蝶科** 翅展达 8~10 厘米

这种迁徙蝴蝶分布范围广泛，在美洲、西南太平洋均有发现。幼虫取食马利筋这种有毒植物的叶片，因此成虫体内有毒素积累。

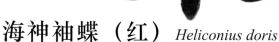

海神袖蝶（红） *Heliconius doris*

◆ **袖蝶科** 翅展达 5.5~8 厘米

这种蝴蝶形态多样，有的后翅纹路呈红色，有的呈蓝色。主要分布在南美洲北部以及北美洲南部地区，幼虫取食西番莲科的植物。

美眼蛱蝶 *Junonia almana*

◆ **蛱蝶科** 翅展达 4.5~5.4 厘米

这种蝴蝶主要分布在日本、东南亚以及除西北地区外的中国各地。夏型蝶与秋型蝶形态差别大，图为夏型蝶；秋型蝶的前翅外缘及后翅的臀角均有角状突起，反面呈枯叶状，色泽暗且斑纹不明显。

安东尼斯闪蝶

Morpho adonis

◆ 蛱蝶科 翅展达 70~90 毫米

这种热带蝴蝶的雄蝶翅膀颜色亮丽，有金属光泽。主要分布在苏里南、法属圭亚那、哥伦比亚、厄瓜多尔、巴西和秘鲁。

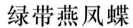

绿带燕凤蝶

Lamproptera meges Zinkin-Sommer

◆ 凤蝶科 翅展达 4.4~4.7 厘米

这种蝴蝶外形独特，触角长，后翅有长且宽的折叠尾，翅上有透明的绿色带。主要分布在中国、越南、缅甸、泰国、马来西亚等地，一般在有水的地带活动。

靛灰蝶

Caerulea coeligena

◆ 灰蝶科 翅展达 3.6~4.3 厘米

这种蝴蝶正面呈青蓝色，前后翅外缘有黑带，喜欢访花，在亚洲、欧洲都能发现。

橙红斑蚬蝶

Hamearis lucina

◆ 蚬蝶科 翅展达 29~34 毫米

这种欧洲蝴蝶的后翅反面有白色斑纹，又因翅膀上的棋盘式图案与豹纹蝶十分相似，所以又被称为"豹纹勃艮第公爵蚬蝶"。

橙灰蝶

Lycaena dispar Hauorth

◆ 灰蝶科 翅展达 3.5~3.8 厘米

这种蝴蝶翅膀主要为橙色，翅外缘有黑带，雌蝶翅反面的前翅为浅黄色，后翅呈灰色。喜欢访花，主要分布在欧洲和亚洲温带地区。

绿白腰天蛾

Deilephila nerii

◆ 天蛾科 翅展达 8~9 厘米

这种灰绿色或橄榄绿色的蛾，前胸背板有"八"字形灰白色斑纹，在中国的台湾、广东等地区均有发现。

伊贝鹿蛾

Syntomoides imaon

◆ **灯蛾科** 翅展达 35~40 毫米

这种蛾体背呈黑色，具蓝光，头、
胸部具黄纹，腹部有两个黄色环
带，主要分布于低海拔山区。

赭带鬼脸天蛾

Acherontia atropos

◆ **天蛾科** 翅展达 10~12.5 厘米

这种面形天蛾，胸部背面有类似人脸的骷髅图案，前翅
反面是粉黄色，腹部黄色伴有黑带。主要分布在中国、
印度、日本以及缅甸等地。

珍珠梅斑蛾

Zygaena filipendulae

◆ 斑蛾科　翅展达 2.5~3.8 厘米

这种蛾主要生活在欧洲，前翅上有红色的花斑，后翅呈红色。这样艳丽的体色对它们来说是一种保护，因为捕食者会觉得它的味道很差。

双黄环鹿蛾

Amata fortunei matsumurai

◆ 灯蛾科　翅展达 28~40 毫米

这种蛾体背主要是黑色，腹部有两条黄色环带，翅膀上有白色的斑点，主要分布在低海拔山区，白天会出来访花。

雅灯蛾

Arctia festiva

◆ **灯蛾科** 翅展达 4.4~6.4 厘米

这种蛾在欧洲、亚洲均有分布，幼虫呈黑色，会去咬死新蛹，有残杀同类的习性。

红蝙蝠蛾

Leto venus

◆ **蝙蝠蛾科** 翅展达 10~16 厘米

这种生活在温带森林的蛾长得美丽，橙红色至深褐色的前翅上有银白色的斑纹，后翅呈橙色，主要分布在南非。

日落蛾

Chrysiridia rhipheus

◆ **燕蛾科** 翅展达 7~9 厘米

这种色彩丰富美丽的蛾是马达加斯加特有种，它们会在白天出来飞行。因为酷似凤蝶，曾被误归为蝴蝶。翅膀底色为黑色，左右翅具有丰富的色斑，有时还不对称，后翅有闪着红光的斑纹。

蜻蜓与豆娘

蜻蜓目（Odonata）下的昆虫不仅有蜻蜓还有豆娘，它们都有细长的身体、灵活的头部和大大的眼睛。幼虫生活在水中，捕食一些水生生物；成虫陆生，有两对大小差不多的翅，飞行能力强，捕食其他昆虫。蜻蜓的体形相较于豆娘要强壮些，豆娘的眼睛分得更开些；蜻蜓在静息时会将翅膀平展在两侧，而豆娘静息时，翅膀通常会收起来置在背上。

色螅科 Calopterygoidae

这是蜻蜓目下长得非常美丽的一类昆虫，它们的身上色彩浓郁，常泛有金属光泽。

蜻科 Libellulidae

我们通常说的蜻蜓是差翅亚目（Anisoptera）下的昆虫。它们的成虫后翅基部比前翅基部宽，稚虫身体是粗短型，胸部、腹部比头部要宽些。

蜂

蜂和蚂蚁都归在膜翅目（Hymenoptera）下，它们都拥有两对膜翅。除少数几种外，几乎都是全变态类昆虫；除叶蜂外，膜翅目的昆虫都有细腰。雌性的产卵器发达，有的还拥有带毒囊的螫针，可以用来麻痹猎物或寄主，也可以用来自卫。蚁科、胡蜂科和蜜蜂科的昆虫过着巢群栖的生活，它们是真社会性昆虫，其他的膜翅目昆虫都是独栖生活。它们有的捕食，有的寄生，有的植食。它们有的危害园林，有的帮助植物传粉，有的能产蜜，为人类带来经济效益。总之，膜翅目昆虫在生态中扮演着很重要的角色，与人类的生活密不可分。

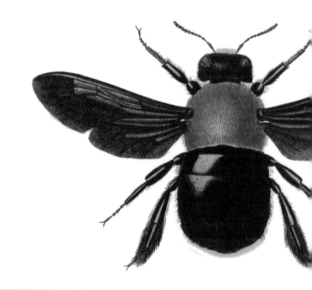

熊蜂 *Bombus* Spp.

◆ **蜜蜂科** 体长可达 2.5 厘米

这种社会性蜂体形比较粗壮，身上有浓密的体毛。雌性的后足附节端部有长毛特化成花粉蓝，在花朵间穿梭时身上会沾上很多花粉，多食性，是很多植物的重要传粉者。熊蜂主要分布在温带和亚热带地区，已被很多国家引入。

胡蜂科 Vespidae

胡蜂的胸部与腹部连接处缩成了纤细的腰状，我们常说的马蜂、黄蜂也是胡蜂的一种。它们的末端有个毒针，种类不同，毒性不一样。虽然有的不主动攻击人类，但是也出现过胡蜂攻击人致死的事件。胡蜂是社会性动物，部分胡蜂会用收集来的木浆而非蜂蜡建造蜂巢。胡蜂多为捕食性动物，取食小型昆虫和鳞翅目的幼虫，分布十分广泛。

木蜂 Xylocopa

◆ 蜜蜂科

这种营独居蜂体形粗壮，身上也有体毛。但与熊蜂不同的是，木蜂是胸部有密毛，腹部背面一般是光滑无毛的。木蜂常把巢安在干燥的木质材料里，对一些木质结构建筑危害很大。木蜂分布范围广泛。

蜾蠃科 Eumenidae

蜾蠃蜂平时营自由生活，产卵前会用泥土来筑巢。这种寄生性蜂会捕捉鳞翅目的幼虫，并将其麻醉，贮存起来供自己的幼虫食用，是一种农业益虫。

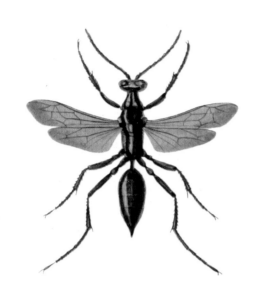

叶齿金绿泥蜂

Chlorion lobatum

◆ 泥蜂科

这是一种带着金属质感的泥蜂，泥蜂科的很多动物可以在沙土中筑巢，大多是捕猎性的，取食昆虫、蜘蛛甚至蝎子等节肢动物，有的还会将食物贮存起来供幼虫食用。

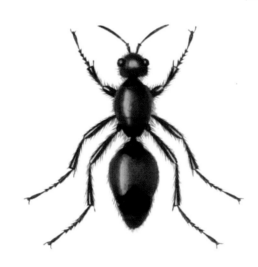

蚁蜂科 Mutillidae

这种蜂和蚂蚁长得很像，雌蜂没有翅膀，雄蜂基本是有翅膀的，身上大多有密毛覆盖。一般来说，雌蜂的体色会鲜艳些。蚁蜂多寄生在其他蜂上，分布范围广泛。

蛛蜂科 Pompilidae

这种蜂腿细长且上面有刺，雄性的触角一般是线形的，雌性则大多是卷曲的。它们主要狩猎蜘蛛，还会把猎物麻醉后储存起来给幼虫当食物。它们的巢穴常安在石缝中、地下或朽木中。

土蜂科 Scoliidae

土蜂身上有密毛，腹部一般比较长，喜欢靠近地面低飞，能在沙地或朽木中发现它们的踪迹。多寄生，雌虫会将卵产在一些甲虫的幼虫身上。

蛉

脉翅目（Neuroptera）昆虫拥有网状脉翅，除了少数种类的幼虫是水栖或半水栖外，其他的无论成虫还是幼虫都是陆栖。成虫和幼虫都是肉食性昆虫，蚜虫、粉虱以及一些其他昆虫的幼虫或卵都可以成为它们的食物。幼虫有镰刀形的上颚，有的幼虫会有互相残杀的现象。

蝶角蛉科 Ascalaphidae

它们的触角长，是棍棒状，跟蝴蝶的触角相似，飞行能力强，大部分时间会在树上静息。

地中海蚁蛉
Palpares libelluloides

◆ 蚁蛉科 体长 5~5.5 厘米

蚁蛉的翅膀和身体比较长，有点形似蜻蜓。地中海蚁蛉体形较大，它们的翅膀上有斑驳的花纹，会在白天出来活动，生活在地中海地区。

勺翼旌蛉

Nemoptera sinuate

◆ 旌蛉科　体长约 4 厘米

这种脉翅目昆虫的翅膀长得比较特别，常被错当成蝴蝶，多取食花粉或花蜜，主要分布在欧洲东南部。

虻

双翅目（Diptera）的昆虫除了虻以外，还有蚊、蝇、蚋、蠓等动物。它们的前翅是膜状翅，后翅退化为保持平衡的棒状器官。它们有的吸血，有的腐食，有的捕食，有的寄生，还有的吸食植物的汁液和花蜜。根据取食不同，它们的口器分为刺吸式、切吸式以及舔吸式。

食虫虻科 Asilidae

该科又称"盗盲科"，这种动物无论是幼虫还是成虫都是捕食性昆虫，身上有毛鬃，喙是刺吸式的。它们还拥有强壮的长足，擅长捕捉一般的软体动物和小型昆虫。

水虻科 Stratiomyidae

这种虻喜欢栖息在水边或者是潮湿的地带，大多数幼虫是腐食性的，有的成虫喜欢访花。

蜂虻科 Bombyliidae

这种虻体形粗壮，身上往往覆盖着很多毛，看上去和蜜蜂很像。它们飞行能力不错，喜欢阳光，喜欢访花，幼虫则是肉食性的。根据种类不同，它们会取食或寄生在一些昆虫的幼虫或蛹上面。

虻科 Tabanidae

它们飞行能力强，幼虫生活在湿润的土壤中，大部分是食肉的，有互相残食的习性。一般来说，虻科里的雄虫不吸血，雌虫会去吸食人类或动物的血液，因此雌虫会传播一些疾病。

直翅目

直翅目（Orthoptera）昆虫的翅上拥有直的纵脉。有的种类有翅，休息的时候可以将前翅覆盖在后翅上；有的种类翅膀短或是没有翅膀，大部分后足发达擅长跳跃，有发达的前胸背板。大部分植食，部分肉食或腐食。

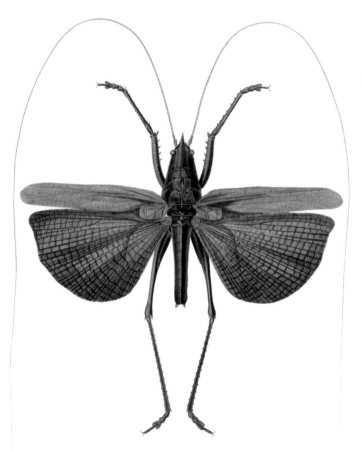

螽斯科 Tettigoniidae

有的地方称之为"蝈蝈"，触角为丝状，比较长，有的比身体都长。螽斯前足胫节基部有听器，大多数雄虫能通过摩擦前翅来发音，雌虫的产卵器为刀剑状，一般在夜里出来活动。螽斯种类多，分布范围广泛。

蟋蟀科 Gryllidae

有的地方称之为"蛐蛐"，它的身体末端有较长的尾须，有的穴居，有的栖息在草丛、碎石中，大部分的雄虫是可以发音的。雌虫产卵器为针状或矛状，多在夜间出来活动，分布范围广泛。

菱蝗科
Tetrigoidea

菱蝗科又称"蚱科"，它们拥有一个菱形的发达前胸背板，尖尖的末端能延伸到腹部末尾。它们既没有发音器也没有听器，翅膀退化或消失，不能飞但能跳跃。

蝼蛄科 Gryllotalpidae

蝼蛄的触角相对较短，具有可以开掘泥土的前足，后足非跳跃足，有听器但发音器不发达。它们喜欢栖息在潮湿温暖的沙质土壤中，植食，啃食植物的根，给农作物造成一定的破坏，分布范围广泛。

蝗科 Acrididae

蝗科动物大多拥有两对发达的翅，繁殖力强，数量大，有的种类还有群体迁飞的习性，植食，取食很多种植物，有的种类能对农林造成很大的危害。

半翅目

　　半翅目（Hemiptera）昆虫数量大，体形变化也大，小的只有1毫米左右，大的可达110毫米，刺吸式口器，前胸背板发达，大部分有两对翅，部分种类没有翅膀或只有一对前翅。半翅目昆虫水栖、陆栖都有发现。大部分是植食性的，它们可以用刺吸式的口器刺入木质部，吸食汁液；也有肉食性的，会用口器吸食动物的血液，为害的同时传播病害。

青襟油蝉 *Tacua speciosa*

◆ **蝉科** 翅展达 15~18 厘米

这种发现于婆罗洲的大体形蝉，又被称为"婆罗洲巨蝉"，身上有黄绿色、红色以及蓝绿色的花纹，颜色艳丽，主要分布在东南亚。

南美提灯蜡蝉 *Fulgora laternaria*

◆ **蜡蝉科** 翅展达 8 厘米

这种昆虫因为头似花生和鳄鱼头，又被称为"花生头""鳄鱼虫"。它们的翅膀上有大眼睛似的图案，用来"吓退"敌人。主要分布在中美洲、南美洲以及西印度群岛。

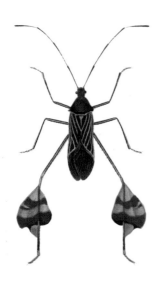

叶足缘蝽 *Bitta flavolineata*

◆ **缘蝽科** 成虫体长 1.8 厘米

这种昆虫拥有细长的触角和形似树叶的细长后肢，是食草性昆虫。这种长相利于它们在草木中进行伪装，主要分布在美洲中南部。

其他

蠼螋

蠼螋和蝠螋都是革翅目（Dermaptera）下的昆虫，这类昆虫的前翅是革翅。蠼螋体壁坚硬，前翅短，有膜质后翅，身体末端有像钳子一样的尾铗，受到惊扰时会将腹部举起，尾铗张开。雌虫会护卵，照料幼虫，常在夜间出来活动，多隐藏在石土、树皮、杂草中。

蟑螂

蟑螂又称"蜚蠊"，是蜚蠊目（Blattaria）下的昆虫。这种昆虫身体一般是扁椭圆形的，前胸背板呈盾形，头隐藏在下面，身体末端通常有一对尾须。蟑螂适应能力强，杂食，能在各种脏乱的环境中生活，有些会传播疾病。

螳螂

"螳螂"是螳螂目（Mantodea）昆虫的俗称，体形有小有大，很多种类雌性比雄性大。螳螂的三角形头部可以做360度旋转，非常灵活，头上有一对突出的发达复眼。前足大且有许多刺，可以用来捕捉猎物。前胸向前延长，前翅较坚韧能够覆在膜状后翅上。螳螂有同类相残的现象。

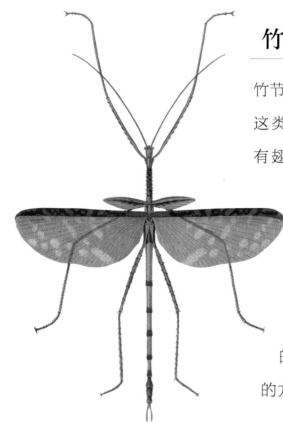

竹节虫

竹节虫属于竹节虫目（Phasmatodea），这类虫子或是棍状或是叶状，有的有翅膀，有的没有翅膀，繁殖方式分为有性生殖和孤雌生殖两种。作为植食性昆虫，多在各种植物上活动，独特的身形可以很好地将自己隐藏在环境中。竹节虫足细长易断，有的种类能在必要时以自残和假死的方式来保命。

齿蛉科 Corydalidae

广翅目（Megaloptera）所含的昆虫并不多，目前有记录的只有泥蛉科（Sialidae）和齿蛉科两个科。这类昆虫的前翅普遍比后翅大，雄虫拥有一个延长的上颚，趋光，多在夜里出来活动。成虫陆生，多在水边活动；幼虫水生，会在水中捕食。

蛛形类

　　蛛形纲（Arachnida）下的动物常见的主要有蜘蛛、蝎子、蜱和螨等。这些节肢动物经常被误认为是昆虫，实际上它们与昆虫有许多不同之处。蛛形类动物没有触角和翅膀，而且它们的足是四对。不仅如此，许多蛛形纲的动物有能分泌毒液的螯肢。绝大多数蛛形类动物是陆生的，少部分是水栖，有些螨虫和蜱虫还会寄生。

漏斗蛛科 Agelenidae

◆　体长可达 3 ~ 16 毫米

这一类蜘蛛常在石块下或草丛中结下漏斗形的蛛网，也会出现在房屋中。这种蜘蛛毒性很强，主要分布在温带地区。

黄昏花皮蛛

Scytodes thoracica

◆　**花皮蛛科** 体长可达 0.9 厘米

花皮蛛分布范围十分广泛，它们可以从螯肢喷射出黏性物质将猎物困住，再注入毒液将其吃掉。

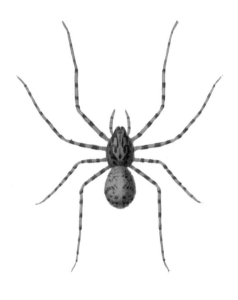

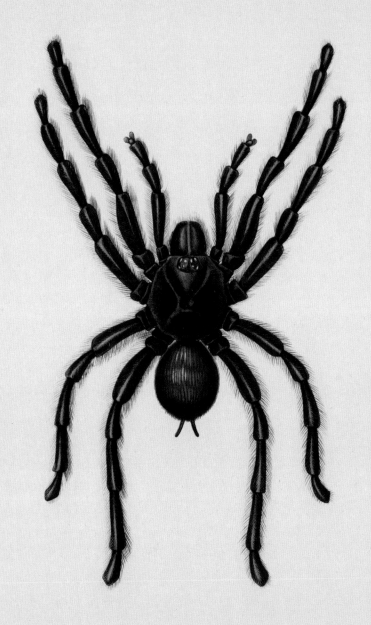

圭亚那粉趾 *Avicularia avicularia*

◆ **捕鸟蛛科** 体长10~14厘米

这种蜘蛛有一对长须肢，身上多毛，腹部两侧有粉红色的毛。
树栖，会被人当作宠物来饲养，分布范围广泛。

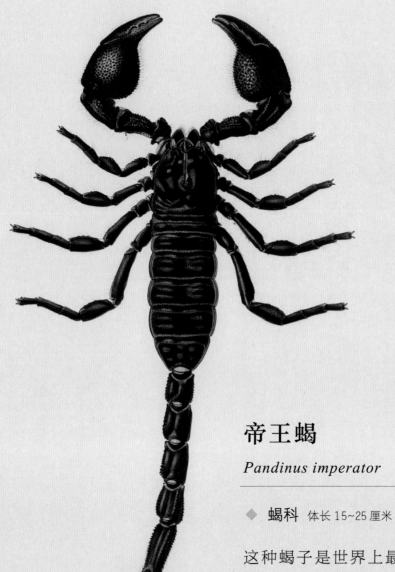

帝王蝎

Pandinus imperator

◆ 蝎科 体长 15~25 厘米

这种蝎子是世界上最大的蝎子之一，虽然长得大，但毒性并不是很强，主要取食一些小型无脊椎动物，分布在非洲。

多足类

球马陆

Glomeris marginata

◆ 倍足纲 体长可达 2 厘米

球马陆身体有 12 节体节，它们在遇到外界刺激时会将身体蜷缩成球状，触角第三节处有弯曲。主要分布在美洲和亚欧大陆。

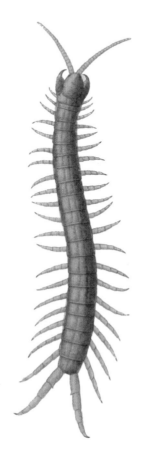

赤蜈蚣

Scolopendra morsitans

◆ 唇足纲 体长可达 8 厘米

蜈蚣是一种有毒腺的节肢动物，它们的每一节上都有足，身体扁长，分布范围十分广泛。

带马陆

Polydesmus spp.

◆ 倍足纲　体长可达13厘米

带马陆的壳坚硬，身上有毒腺，遇到危险时甚至可以喷射有毒物质，分布范围非常广泛。

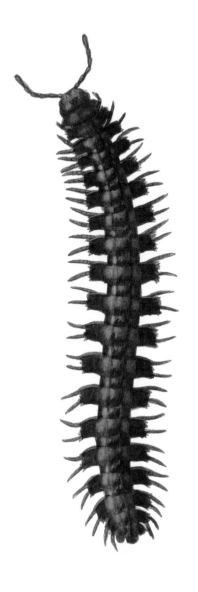

条马陆 *Julus terrestris*

◆ 倍足纲　体长可达9厘米

条马陆体节多，足也很多，虽然没有"千足"那么多，但是很多马陆身上会有上百只足。它们喜欢在阴凉潮湿处活动，比如腐烂的植物里或石头、树皮下，分布范围非常广泛。

甲壳类

　　甲壳类的动物有少部分是陆生的，比如鼠妇；还有的甲壳类动物生活在淡水里，而剩下的大多数生活在海里。甲壳类动物的身体一般由头部、胸部和腹部组成，有的种类头部和胸部会长成一体，被称为"头胸部"。它们的头部有两对触须，身上有用来行走或游泳的足，虾、蟹类的甲壳动物还拥有一对用来防御和捕食的螯足。

远海梭子蟹

Portunus pelagicus

◆ 梭子蟹科　宽可达7厘米

这种蟹一般生活在沙地或泥沙质的海岸，幼蟹则喜欢在潮间带活动，主要以无脊椎动物为食，经常是夜里出来觅食，好斗。主要分布在印度洋和太平洋海域。

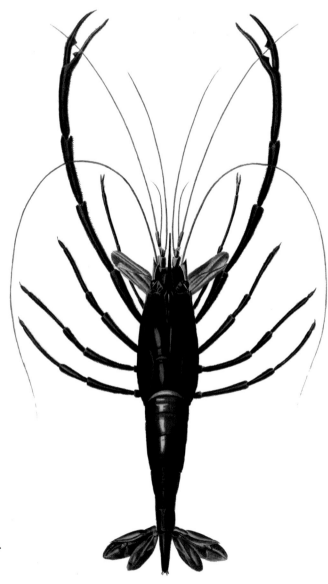

长臂虾科

Palaemonidae

长臂虾一般生活在淡水处和海水近岸处，它们的第二对胸足特别长，且比其他的足要粗些。分布范围十分广泛，有很高的经济价值。

椰子蟹 *Birgus latro*

◆ 陆寄居蟹科 体长可达 1 米

椰子蟹是陆生节肢动物中体形最大的动物，会爬树。它的双螯不对称但十分强壮有力，可以用来开椰子。主要生活在澳大利亚、马来西亚、斐济以及中国的台湾和海南的热带丛林中。

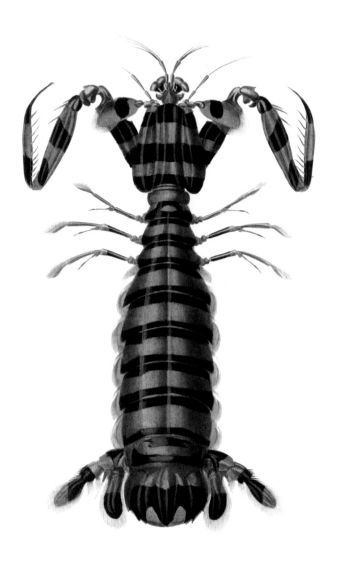

琴虾蛄科 Lysiosquilloidea

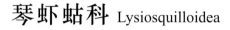

琴虾蛄科动物的第二对颚足特化成有锯齿的长臂，像螳螂臂一样可以进行捕食和防御，生性凶猛，有一对突出的带柄的眼睛，视力非常好，主要分布在温暖的海域。

脊索动物

　　脊索动物（Chordata）包括头索动物、尾索动物和脊椎动物，它们在动物界中虽然占比不大，但是有不少高智慧的生物存在。脊索动物，顾名思义，这一类动物在其整个生命过程中或者在个体发育的某个过程中，会具有脊索这一棒状结构。

　　脊索的主要功能是支撑作用，像我们人类这样的

哺乳动物以及鱼类、鸟类、两栖动物和爬行类动物。脊索在胚胎早期还存在，但随着发育，慢慢就消失了，取而代之的是脊柱，这一类动物被称为"脊椎动物"。脊索动物形态变化多，体形差异大，该门下的蓝鲸是地球史上最大的动物。而像厦门常见的、身上有一条脊索终生存在的文昌鱼（Branchiostoma），体长约5厘米，体重只有蓝鲸的几十亿分之一。

除了脊索，背神经管和鳃裂是脊索动物的另外两大共同特征。

鱼类

　　地球上最早出现的脊椎动物就是鱼类，鱼类都生活在水里，无论是淡水湖泊、河流还是海洋，几乎在地球上所有的水生生境中都能找到鱼的身影。科学家们将鱼类分为四大纲，分别是七鳃鳗纲、软骨鱼纲、辐鳍鱼纲和肉鳍鱼纲（也有人将辐鳍鱼和肉鳍鱼合称为"硬骨鱼纲"）。其中七鳃鳗纲的鱼类是没有上下颌的无颌类，辐鳍鱼纲的鱼类则是数量最多的。

　　鱼类使用鳃进行呼吸，有的还会使用肠、鳔、皮肤等其他器官来进行辅助呼吸。大多数的鱼是冷血动物；有的是半冷血的，比如鲨鱼和金枪鱼，它们的部分身体会有源源不断的温血供给；还有一些鱼，比如月亮鱼，则是温血动物。鱼在水中活动主要靠鳍和尾巴的助力。鱼的形态有多种，大部分游速快的都是流线型，大部分底栖的都是扁平型，还有一些喜欢穴居的身形则像棍棒。鱼类的体形差异大，小的，比如侏儒虾虎鱼，只有1厘米长，而大的鲸鲨体长可达12米。鱼类食性多样，有的鱼以小鱼小虾为食，有的鱼以水生植物为食，有的鱼则是滤食性；有的鱼主动出击捕食猎物，有的鱼守株待兔静待食物送上嘴，有的鱼则选择寄生。

软骨鱼

　　软骨鱼的骨架由不能完全钙化成硬骨的软骨组成，这和大多数的脊椎动物是不一样的。软骨鱼不仅没有坚硬的骨骼，它们的体内还没有鱼鳔，因此，为了不沉下去，它们要不断地保持游泳的状态。不过，有的种类，比如鲸鲨，它们的体内拥有一个油脂旺盛的大肝脏，结合鱼鳍和尾巴，能起到和鱼鳔类似的作用。软骨鱼的嗅觉十分灵敏，有的鲨鱼能通过追踪血液来捕食。还有些软骨鱼拥有特殊的发电器官，这些发电器官可以形成电场来感应周围的活动，大大提高了它们的捕猎、定位以及防御能力。几乎所有的软骨鱼都是食肉的，像捕食性的凶猛鲨鱼，它们拥有锋利的牙齿。这些牙齿不断生长，当有牙齿脱落时，后方会有新的牙齿前来替换。软骨鱼擅长游泳，大部分生活在海洋里，有的底栖，有的生活在河流里。软骨鱼繁殖方式多样，有卵生的，有卵胎生的，也有直接生产幼鱼的。

鳐形目 Rajiformes

这一类鱼身体扁平，胸鳍发达且与头部连在一起，眼睛和气孔长在上面，细长的尾巴用来保持平衡。有的种类尾巴上有毒刺，有的种类还可以发电，大多数以卵胎生的方式繁殖下一代，多栖息在海底。

硬骨鱼

　　硬骨鱼包括辐鳍鱼和肉鳍鱼，它们的骨骼部分或全部钙化。它们拥有灵活的鳍，鱼鳍种类多样，作用也多样，可以用来游泳、移动、伪装、防御等。除此之外，绝大部分硬骨鱼还拥有鱼鳔，这使得它们能够在水中自由上下或保持一定的高度。它们分布范围广泛，无论是淡水域、咸水域还是海洋，都有硬骨鱼的身影。绝大部分的硬骨鱼是用鳃来呼吸的，还有一些肉鳍鱼会进行肺式呼吸。硬骨鱼多采用卵生的方式繁殖下一代，为了下一代，不同种类的繁殖策略会有所不同。有的会通过产数量巨大的卵来抵消损耗；有的会通过筑巢来保护下一代，比如刺鱼；有的鱼雄性个体会有育儿袋，比如海马；有的鱼会把卵放在自己的嘴巴里进行口孵，比如后颌鱼；还有的鱼会利用双壳类动物来孵化自己的卵，比如一些鲤科的鱼。

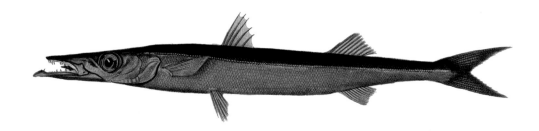

魣 Sphyraenidae

这种鱼体形长，有尖尖的头，吻部突出，有锐利的牙齿，肉食性，背上的第二个鳍和臀鳍是同形相对的，主要分布在热带及亚热带海域。

鲈

Perca fluviatilis

◆ **鲈科** 体长 25~60 厘米

鲈是一种淡水鱼,体色主要是黄绿色,身上有条形斑纹,下颌比上颌长,肉食,多在清晨和黄昏出来寻找食物。原产自亚洲和欧洲,在水流缓慢的水域中生活。

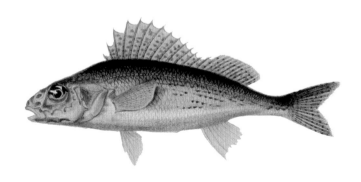

梅花鲈 *Gymnocephalus cernua*

◆ **鲈科** 体长 10~25 厘米

这种生活在亚洲和欧洲淡水湖中的鱼,背上有长满鳍棘的鱼鳍。当一条鱼被攻击时,受伤的它会释放激素提醒同类。取食昆虫幼虫。

羊鱼科 Mullidae

羊鱼科的鱼颌部有一对像羊胡子似的长须，可以用来探寻藏在泥沙中的小动物，身上有中大的栉鳞，主要分布在热带及亚热带海域。

石鲉 *Scorpaena porcus*

◆ **鲉科** 体长可达 37 厘米

绝大部分鲉形目鱼类的头上、鳍上都有棘刺，有的鲉形类鱼身上的棘刺还有毒。石鲉的头部有皮瓣，体色能根据需要做出改变，嘴巴大，取食甲壳类和鱼类。它们一般在岩礁附近活动，主要分布在温带海域。

三刺鱼 *Gasterosteus aculeatus*

◆ **刺鱼科** 体长 11 厘米

三刺鱼常生活在淡水河口或浅海沿岸，背鳍前面有 3 根棘刺，身上有骨质鳞甲。繁殖期的雄性腹部会变成红色，会跳出复杂多变的求偶舞。它们会建造出精致的巢穴，雄鱼有护卵的行为，主要分布在北半球。

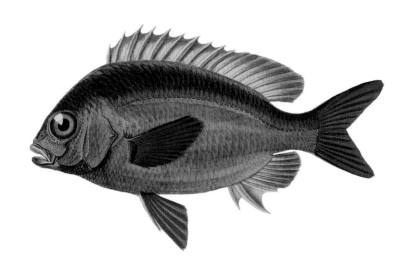

伏氏眶棘鲈 *Scolopsis posmeri*

◆ **金线鱼科** 体长可达 25 厘米

这种海洋鱼体侧扁，喜欢在岩礁和泥沙混合的地方活动，以一游一停的方式游泳活动，肉食，主要取食无脊椎动物，主要分布在热带海域。

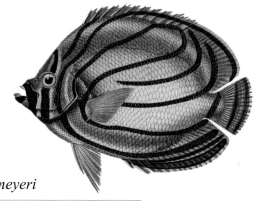

麦氏蝴蝶鱼 *Chaetodon meyeri*

◆ **蝴蝶鱼科** 体长可达 18 厘米

这种生活在珊瑚礁中的鱼常被作为观赏鱼养殖，它们身体扁平，侧面看呈扁圆形。麦氏蝴蝶鱼有领地意识，难饲养，主要分布在印度洋至太平洋海域。

科利鲭 *Scomber colias*

◆ 鲭科

科利鲭和绝大多数鲭科鱼类一样，身体是纺锤形的，游速快，取食小鱼和浮游生物，主要分布在大西洋暖海域以及地中海温带海域。

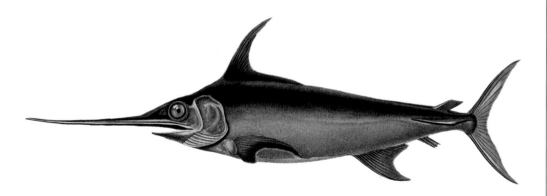

剑鱼 *Xiphias gladius*

◆ 蝴蝶鱼科　体长 3~4.5 米

剑鱼是剑鱼科的代表性鱼类，视力非常好，没有牙齿和鳞片。它们的上颌又长又尖，像把利剑，力量强大，游速特别快。据记载，其时速可达 130 公里，肉食，取食鱼类和头足纲动物。剑鱼在太平洋、印度洋、大西洋等海域有广泛分布。

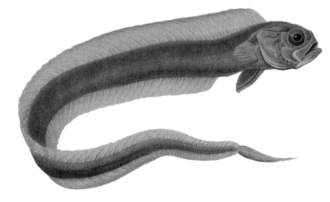

赤刀鱼

Cepola rubescens

◆ **赤刀鱼科** 体长可达 70 厘米

赤刀鱼的身体呈带状，身上有圆鳞，一般栖息在泥沙底质的海域中，多穴居，取食浮游生物，主要分布在大西洋东部。

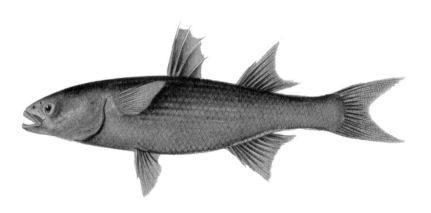

鲻 *Mugil cephalus*

◆ **鲻科** 体长可达 1.2 米

这种鱼既可以在海水中生活，也可以在淡水中生活，群居，取食广——浮游生物、藻类、岩屑，以及有些海底有机生物都能成为它们的食物，有的鲻还会跟在海牛身边取食海牛身上的藻类。鲻广泛分布在热带、亚热带以及温带海域。

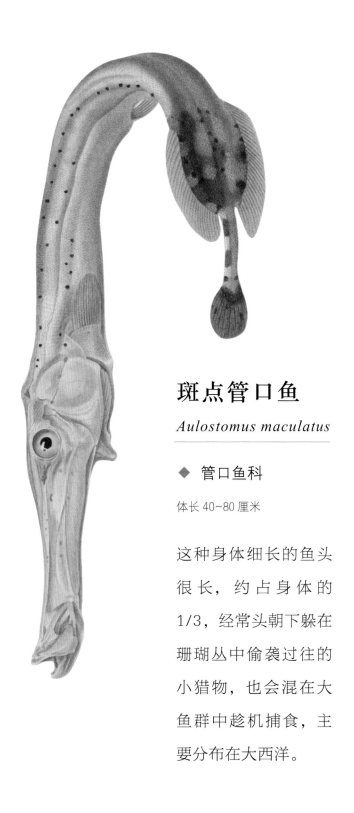

斑点管口鱼

Aulostomus maculatus

◆ 管口鱼科

体长 40~80 厘米

这种身体细长的鱼头
很长，约占身体的
1/3，经常头朝下躲在
珊瑚丛中偷袭过往的
小猎物，也会混在大
鱼群中趁机捕食，主
要分布在大西洋。

鲑 *Salmo*

◆ 鲑科

大部分鲑鱼在繁殖期会从海洋迁徙到淡水中产卵，这时候能看到雄性钩状的颚。鲑鱼主要分布在大西洋和太平洋的近海水域。

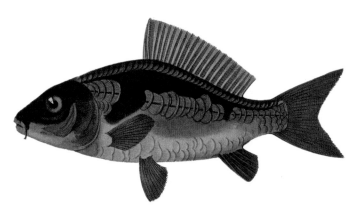

鲤 *Cyprinus carpio*

◆ 鲤科 体长 30 厘米

鲤的口角部发达，嘴巴可以伸出去，吻部有小短须，身上有中大型圆鳞，淡水鱼，适应性很强，杂食性，能在泥浆中找到食物。原产自中国和中欧，现已被世界各地引入。

海马 *hippocampus*

◆ **海龙科** 体长 5~30 厘米

这种头部像马的小型海洋生物行动缓慢，善于躲藏，它们的吻部呈长管状，嘴巴很小，主要靠吸食的方式来吃东西。海马细长的身体上有鳞片和骨环，在背鳍的帮助下，海马可以在水中竖着游动。雄性海马有育儿袋，海马宝宝会在这里出生。

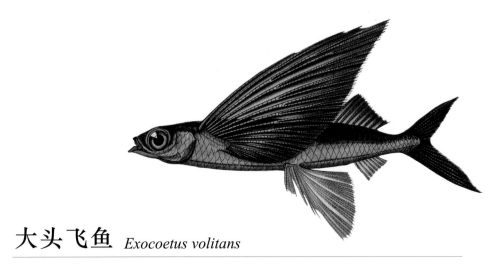

大头飞鱼 *Exocoetus volitans*

◆ **飞鱼科** 体长可达 30 厘米

大头飞鱼的胸鳍特化成翼状，尾部呈叉状且上下不对称，下叶长些。飞鱼在遇到惊扰时会跃出水面，利用胸鳍做出长距离的滑翔。这种大洋洄游型鱼类广泛分布在温暖的海域。

欧洲鳗鲡 *Anguilla anguilla*

◆ 鳗鲡科 体长可达 1 米

这种原产自大西洋的鳗鲡如今已成濒危物种，身体细长、黏滑，鳞片嵌在皮肤下面，繁殖期会从淡水域迁徙到马尾藻海产卵，下颌较突出，食肉。

瘤棘鲆 *Scophthalmus maximus*

◆ 菱鲆科 体长可达 1 米

瘤棘鲆是比目鱼的一种，它们在幼时身体并不是这样的，后期变态发育，眼移到了同一侧，身体变成扁平的，两侧不对称，一面有鳞，一面光滑无鳞。瘤棘鲆能根据周围环境改变体色，当它们趴在海底时很难被发现。瘤棘鲆头小，有一个颌较突出，取食小鱼和甲壳类动物，主要分布在大西洋。

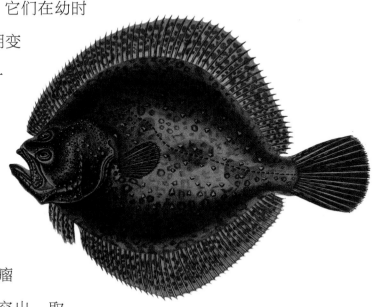

刺鲀科 Diodontidae

这种鱼的鱼鳞已经特化成尖尖的棘刺，鳍比较短小，游速慢，在遇到威胁时可以吸入水或空气，迅速膨胀成一个刺球。一般生活在温暖性海洋的海藻和珊瑚礁附近。

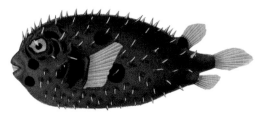

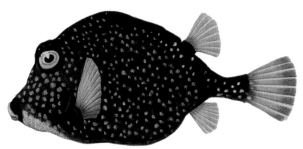

箱鲀科 Ostraciidae

这种鱼的六边形鱼鳞片已经特化成硬骨板，坚硬的身体使它们活动不自如，只能靠鳍缓慢地移动。有的箱鲀在遇到危险时能分泌出有毒液体，主要分布在热带和亚热带海域。

鲟 *Acipenser sturio*

◆ **鲟科** 体长可达 3.5 米

这种动物身上有 5 纵行骨板，尾部不对称，上叶大些，头部扁平多骨，吻部尖长，有须，可以用来找寻、定位食物。一般栖息于河里，会向海洋迁徙，主要分布在大西洋。

两栖类

　　两栖纲（Amphibia）的动物现存有 3 个目，分别是无足目、无尾目和有尾目。两栖动物的皮肤基本是没有鳞片、裸露、渗透性的，所以即使它们在陆地上生活，也还是需要选择在潮湿的地方栖息。两栖动物是冷血动物，变态发育，它们有的终生生活在水里，有的则只在幼体时期生活在水里。

无足目

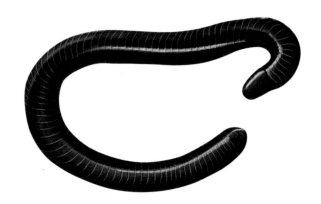

环管蚓螈 *Siphonops annulatus*

◆ **蚓螈科** 体长 28~45 厘米

以蚓螈为代表的无足目（Apoda）动物没有足，它们身体细长，有很小的尾巴或者没有尾巴。蚓螈生活在洞穴里，已经丧失了视力。环管蚓螈主要取食蚯蚓，分布在南美洲的安第斯山脉以东的地方。

无尾目

无尾目（Anura）的动物幼体——蝌蚪生活在水里，它们有尾巴，用羽状腮呼吸，取食植物，经历变态发育到成体后，尾巴就没了。成体一般有一对长长的有力的后腿，嘴巴宽大，眼睛突出，食肉，有的捕食昆虫和无脊椎动物，有的捕食小型蜥蜴、蛙和哺乳动物。

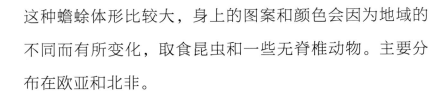

绿蟾蜍 *Bufo viridis*

◆ 蟾蜍科 体长 9~12 厘米

这种蟾蜍体形比较大，身上的图案和颜色会因为地域的不同而有所变化，取食昆虫和一些无脊椎动物。主要分布在欧亚和北非。

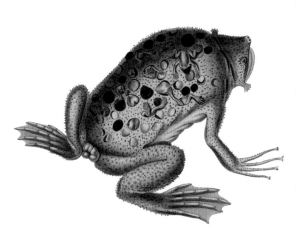

美洲负子蟾 *Pipa americana*

◆ 负子蟾科 体长 2.5~4.5 厘米

美洲负子蟾拥有全蹼后脚，它们没有舌头，前爪指端有便于觅食的细小星状附器，背部和腹部比较平坦，整个身体扁平，适合在水中生活。美洲负子蟾卵会在雌性的背上进行发育，主要分布在美洲。

有尾目

　　有尾目（Caudata）动物终身有尾巴，蝾螈和鲵都是这个目下的动物。它们的身体是细长的，几乎都有四条腿，喜欢在潮湿的环境中生活，大部分生活在水里，多在白天躲起来，夜里才出来活动。

真螈 *Salamandra salamandra*

◆ **蝾螈科** 体长 18~28 厘米

真螈又称"火蝾螈"，黑色的身体上有黄色醒目斑纹，眼睛突出，头部的腺体有毒液。除产卵时需要下水，大部分时间在陆地上，有强大的再生能力，夜行，主要生活在欧洲。

隐鳃鲵

Cryptobranchus alleganiensis

◆ **隐鳃鲵科** 体长可达 74 厘米

这种生活在水底岩石下的动物头部扁平，白天基本躲在洞穴里，夜间出来活动，靠嗅觉和触觉来捕猎，取食鱼虾和小型无脊椎动物，主要生活在北美洲。

斑泥螈 *Necturus maculosus*

◆ 洞螈科 体长 20~50 厘米

这种生活在北美淡水水域的动物，又被称为"泥狗""水狗"。它们基本只在水里活动，有巨大的羽状腮，会在夜里出来觅食，取食鱼虾、昆虫或其他无脊椎动物等。

大鳗螈 *Siren lacertina*

◆ 鳗螈科 体长 50~97 厘米

大鳗螈身体细长，形似鳗鱼，有两只小小的前腿，脚有四肢，有外鳃。生活在淡水里，夜行，取食昆虫的幼体和鱼。主要分布在美国东南部和墨西哥东北部。

爬行类

爬行动物是一种冷血动物，它们的体温可以随着环境的变化进行调节，比如通过晒太阳来让自己获得热量。科学家们通过研究发现，早在大约 3 亿年前，地球上就出现了爬行类动物，它们比恐龙出现的时间还早。经研究发现，第一类爬行动物是从两栖动物进化来的。到今天，爬行动物已经演变出了许多种形态，有的有厚厚的壳，有的有四肢、有长尾，有的没有四肢，用鳞片来行动。它们生活在各种生境里，几乎所有的爬行动物都可以在热带和亚热带地区生存，少数几种还能在冷些的温带地区生存，有些蛇和蜥蜴还能自在地生活在炎热的沙漠里。爬行动物大多是食肉的，少数几种，比如海龟，是食草的，还有一些是杂食的。大多数爬行动物通过产卵的方式繁殖下一代，有的会由亲代孵化，有的则不会，比如海龟。

龟

龟鳖目（Tesudines）动物包括海龟、淡水龟和陆龟，它们的背上有个大大的坚硬的龟壳，背上的部分叫背甲，腹下的部分叫胸甲。有的龟可以将头缩到壳里，有的就不行了，只能收到壳的边缘下。龟在陆地上行动比较缓慢，新陈代谢也很慢，因此寿命很长。龟没有牙齿，它们用坚硬的喙状嘴来撕扯食物，有的龟食肉，有的龟食草，有的杂食。

陆龟科

Testudinidae

陆栖龟分布范围广泛，非洲最为丰富，大部分是植食性的。有两类体形巨大的陆龟被称为"象龟"，还有许多体形小的陆龟因为壳上有漂亮的纹路而被人当宠物饲养。

刺鳖

Apalone spinifera

◆ **鳖科** 体长 15~46 厘米

刺鳖呈扁圆形，壳比较柔软，大部分时间在水中活动，在陆地上也可以快速爬行。杂食，取食鱼虾、昆虫和植物，原产自北美洲。

绿海龟 *Chelonia mydas*

◆ 海龟科 体长 1~1.3 米

这是一种绝对食草的动物，它们的壳扁平，眼睛是杏仁形的，在沙滩上产卵。当幼龟孵出后需要通过自己的努力爬到大海里，分布在世界各地的温带和热带海域。

鳄

短吻鳄 *Alligatorinae*

◆ 鼍科

鳄目（Grocodilia）的动物身上覆着坚硬的鳞甲，皮肤有厚厚的骨板。它们的尾巴粗壮有力，吻长，牙齿锋利，下颌强壮，食肉，既能在陆地上行走，也能在水中活动。短吻鳄的齿式和其他鳄鱼不太一样，它们的上颌骨及前颌骨的牙齿可以和下颌骨的牙齿相互闭合。吻相对短些、宽些，代表种类有美洲鳄和扬子鳄。

蜥蜴

蜥蜴类的动物被划分在有鳞目（Squamata）下，它们的皮肤有鳞片。一般的蜥蜴拥有四条腿和一个长尾巴，但是部分蜥蜴，比如蛇蜥，是没有腿的。它们体形也有差异，小的蜥蜴体长约 1.5 厘米，大的巨蜥体长可达 3 米。蜥蜴不仅形态多样，栖境也多样，有树栖、陆栖、半水栖，还有的蜥蜴是穴居，生活在地下。

美洲鬣蜥 *Iguana iguana*

◆ **美洲鬣蜥科** 体长 1~2 米

这是一种大型的鬣蜥，主要生活在树上。虽然有尖牙利爪，看上去很不好惹，但它们是食草性动物，会游泳，主要生活在美洲。

斑蚓蜥 *Amphisbaena fuliginosa*

◆ **蚓蜥科** 体长 45 厘米

蚓蜥科的动物长得特别像蛇，它们生活在地下。光滑的鳞片可以帮助它们很好地活动，眼睛被半透明的坚韧皮肤护住，通过气味和声音来捕捉食物。斑蚓蜥取食无脊椎动物，主要分布在南美洲。

蛇

蛇和蜥蜴一样，都划分在有鳞目（Squamata）下，蛇没有四肢，但是能靠身体的肌肉和腹部的鳞片来行动。它们拥有灵活相连的椎骨，可以朝任何方向弯曲身体。蛇虽然都拥有细长的身体，但大小还是有差距的，短的只有几厘米，长的能达到 10 米。蛇的眼睛有透明的皮肤保护，所以它们的眼睑无法开合。蛇没有外耳，它们可以靠舌头来感受空气中的信号。蛇是肉食动物，它们的牙齿很锋利，有的种类还拥有可以注射毒液的毒牙。蛇的生活范围很广泛，分布在除了南极洲之外的所有大洲上。有的在陆地上活动，有的在水里活动，有的穴居，有的树栖。

红尾蚺

Boa constrictor

◆ **蚺科** 体长可达 5.5 米

这种体形巨大的蚺有可以分离的颌，可以吞下体形很大的猎物。在捕捉猎物时，它们会用强壮的身体将猎物缠住勒紧，当猎物窒息而亡后再一口吞下。它们一般在地面上活动，偶尔也会爬到树上去待着。鸟类、爬行动物和哺乳动物都可以成为它们的盘中餐。红尾蚺主要分布在南美洲。

绿瘦蛇

Ahaetulla prasina

◆ **游蛇科** 体长可达 1.5 米

这种身体细长的毒蛇视力非常好，行动敏捷，主要栖息在树上，白天会出来活动，捕食小鸟、青蛙和蜥蜴，主要分布在亚洲。

角蝰 *Cerastes cornutus*

◆ **蝰蛇科** 体长可达 85 厘米

这种生活在北非沙漠里的毒蛇，双眼之上有竖起的、尖尖的刺状角鳞，它们的体色与沙石很接近，这有利于它们将自己潜伏起来。

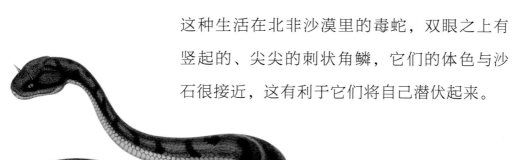

埃及眼镜蛇 *Naja haje*

◆ 眼镜蛇科

体长 1.5~2.4 米

这种毒性大的眼镜蛇，主要在北非及中东的沙漠附近活动。当遇到威胁时它们会将身体前段立起来，将颈部皮褶张开，常捕食小型的脊椎动物。

南美响尾蛇

Crotalus durissus

◆ 蝰蛇科 体长可达 1.8 米

这是一种生活在南美洲丛林里的响尾蛇，有毒。响尾蛇的尾部有响环，当遇到威胁时会发出声音警告入侵者。

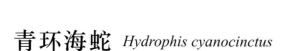

青环海蛇 *Hydrophis cyanocinctus*

◆ 眼镜蛇科 体长 1.5~2 米

这种生活在海里的毒蛇有条船桨似的尾巴，很擅长游泳。它们捕食鱼类，主要分布在印度洋和太平洋的沿海地域。

鸟类动物

　　鸟类这种恒温动物是世界上现存的唯一有羽毛的动物，羽毛的主要成分和哺乳动物的毛发、指甲以及爬行动物的鳞一样，都是角蛋白。羽毛不仅有助于鸟飞翔，还能起到保暖作用，有的鸟类还会利用自己漂亮的羽毛来求偶。绝大多数鸟类是会飞的，但是也有部分鸟类，比如鸵鸟，是飞不起来的。有观点认为，鸟的祖先是恐龙，前肢慢慢地演化成了翼，有的退化。鸟有一对脚，因为生境不同，脚的种类也不同，比如猛禽有锋利的爪子，而有的海鸟脚会有蹼。鸟类的食性有差异，同时它们的嘴——喙的类型也不一样。鸟类是卵生动物，小鸟会从蛋里面孵出来，刚出生的小鸟一般是需要亲鸟进行抚育的。

猛禽

　　猛禽这类掠食性动物拥有锋利的钩状喙、强健的足和尖锐的爪子，绝大多数猛禽拥有优秀的视觉，体形有差异，生活方式也有差异，有的白天捕食，有的夜间捕食。

王鹫 *Sarcoramphus papa*

◆ **美洲鹫科** 体长 67~81 厘米

这种鸟的头上没有羽毛，是裸露的，颜色艳丽，喙上有肉冠，身上的羽毛黑白分明，与大部分猛禽不同。它们靠嗅觉找寻食物，主要取食腐肉，在墨西哥、南美洲和中美洲均有分布。

安第斯神鹫

Vultur gryphus

◆ 美洲鹫科 体长 1~1.4 米

这种鸟是目前世界上最大的可飞行鸟类，它们的翼展最大有 3.2 米，栖居在岩壁上，在高海拔的山区活动，可以借助山脉上升的气流升高、翱翔，取食腐肉，主要分布在南美洲。

雕鸮 *Bubo bubo*

◆ 鸱鸮科 体长 55~73 厘米

雕鸮的头上有像耳朵形状的羽毛，它们白天一般安安静静地栖息在树上，晚上会出来捕猎，视觉很好，取食老鼠、兔子、鸟类、刺猬和昆虫等动物，主要分布在非洲和欧亚地区。

鬼鸮

Aegolius funereus

◆ 鸱鸮科　体长约 25 厘米

这种动物有个白色显著面盘，额和头上有白色小圆斑，叫声多变且分布范围广泛。

白肩雕　*Aquila heliaca*

◆ 鹰科　体长 70~84 厘米

它们的肩膀上有明显的白色羽毛，在黑褐色的体羽衬托下特别明显。它们多数单独活动，分布范围广泛，有的月份在中国也能见到。

仓鸮 *Tyto alba*

◆ 草鸮科　体长 33~39 厘米

这种猛禽的头又大又圆，面盘是心形的，颜色苍白，夜行性，擅长捕食鼠类，分布范围广泛。

红脚隼

Falco amurensis

◆ 隼科　体长 26~30 厘米

这种鸟类的脚和腿上的覆羽是红色的，分布范围很广，喜群居，取食昆虫和一些小型的鸟类、蛙等。红脚隼迁徙距离特别长，每年会在南非越冬，在西伯利亚和中国繁殖。

雀鹰
Accipiter nisus

◆ 鹰科 体长 30~41 厘米

这种小型猛禽可以捕食鸟、野兔、鼠类、昆虫等，尾巴比较长，分布范围广泛。

鹃头蜂鹰

Pernis apivorus

◆ 鹰科 体长 52~60 厘米

这种猛禽喜欢挖掘蜂巢，取食黄蜂、蜜蜂、胡蜂的幼虫和虫卵。它的面部有像鳞片一样又小又密的羽毛，可以保护自己免受蜂群的攻击。分布范围广泛，这种旅鸟会在欧亚大陆和非洲之间往返。

王鵟 *Buteo regalis*

◆ 鹰科　体长 50~66 厘米

这种北美洲的大型猛禽具有性二态性，雌鸟比雄鸟大 1.5 倍。它们的背上是锈红色的，捕食野兔、鼠类、鸟类、爬行动物和两栖动物。

蛇鹫 *Sagittarius serpentarius*

◆ 蛇鹫科　体长 1.25~1.5 米　体高 1.2~1.5 米

这种腿细长的猛禽是陆栖动物，腿上有厚鳞，尾巴上有长饰羽，头上有黑色羽冠，捕食昆虫和小型哺乳动物，主要生活在非洲。

攀禽

　　有些攀禽的脚趾是两个向前，两个向后的。这样的结构有利于它们攀在树上，比如啄木鸟、巨嘴鸟（鹦鹉）。攀禽的食性差异大，有的捕食飞行昆虫，有的以植物的果实和种子为食，有的取食藏在树木中的昆虫，有的还会以鱼类为食。因此，它们的嘴形也会有所不同。

欧亚夜鹰 *Caprimulgus europaeus*

◆ **夜鹰科** 体长 26~28 厘米

欧亚夜鹰是一种攀禽类动物，它们一般在地面上休息，在空中捕食飞行的昆虫，有灰褐色、和树皮颜色接近的羽毛，能轻松隐藏起来。它们每年夏天在欧亚温暖的地方生活，冬天则迁徙到非洲。

博物百科大图鉴

黄喉蜂虎 *Merops apiaster*

◆ **蜂虎科** 体长 23~30 厘米

这种拥有黑色贯眼纹的鸟类取食飞行的昆虫，尤其喜欢黄蜂和蜜蜂，身上有着翠鸟般亮丽的羽毛和细长的喙。它的飞行能力强，候鸟，在非洲越冬和欧亚温和地区之间迁徙。

蓝胸佛法僧

Coracias garrulus

◆ **佛法僧科** 体长 29~33 厘米

这种鸟整体是淡蓝绿色的，翅膀和尾巴上有褐色、黑色羽毛点缀，十分漂亮。它们分布范围广泛，候鸟，在欧亚地区繁殖，在非洲越冬。

短尾鸼科 Todidae

这是佛法僧目下面的短尾鸼科短尾鸼属里的一种鸟类。它们体形很小，和翠鸟长得很像，分布在加勒比海西印度群岛的不同岛屿上。

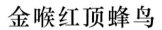

金喉红顶蜂鸟

Chrysolampis mosquitus

◆ **蜂鸟科** 体长9厘米

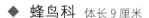

这种蜂鸟的头上有红色羽冠，喉部的羽毛是金黄色的，体羽主要是黑褐色，尾羽覆面是橙色的，主要分布在南美洲。

红喉北蜂鸟 *Archilochus colubris*

◆ **蜂鸟科** 体长9厘米

它们可以用长长的喙吸食花蜜，主要分布在北美洲，会在加拿大和美国东部进行繁殖，然后飞往中美洲和西印度群岛越冬，中途不降落。

栗领翡翠

Actenoides concretus

◆ **翡翠科** 体长 24 厘米

雄鸟的头顶有绿色羽毛，黑色贯眼纹，从脸上到脖子有深蓝色长斑纹，脖子有栗色羽毛。主要分布在亚洲。

凹嘴巨嘴鸟

Ramphastos vitellinus

◆ **巨嘴鸟科** 体长可达 60 厘米

这种长得跟犀鸟很像的鸟拥有一个大大的喙，不过这个喙并不重。巨嘴鸟科又称"鵎鵼科"，凹嘴巨嘴鸟又叫作"凹嘴鵎鵼"。它们会将巢安在树洞里，主要分布在南美洲。

普通翠鸟 *Alcedo atthis*

◆ 翠鸟科 体长 16~17 厘米

这种翠鸟体形小，尾巴短，靠水而居，即使在水中眼睛也能保持很好的视力。它们取食小型鱼类和水中昆虫，在欧洲、亚洲和北非均有分布。

澳东玫瑰鹦鹉

Platycercus eximius

◆ 鹦鹉科 体长 30 厘米

雄鸟的头部和胸前有鲜红色的羽毛，面颊有纯白色的大斑纹，雌鸟体色暗些。主要分布在澳大利亚。

蚁䴕 *Jynx torquilla*

◆ 啄木鸟科 体长 10~17 厘米

蚁䴕覆有黏液的长舌头有钩端，方便它们取食蚂蚁。头颈可以像蛇一样"扭动"，广泛分布在欧亚大陆。

金刚鹦鹉 *Ara Macao*

◆ 鹦鹉科　体长 79~89 厘米

这是一种体形很大的鹦鹉，无毛的面部布满花纹，体色艳丽，拥有红色的长尾羽，弯弯的喙十分强劲有力，能将硬硬的果壳打开。它们喜欢热闹，主要分布在墨西哥南部至阿根廷东北部。

大斑啄木鸟

Dendrocopos major

◆ 啄木鸟科　体长 22~23 厘米

这种啄木鸟的脸部、肩部、翅膀上均有白色的大斑纹，臀部以及雄鸟的后脑勺有鲜红色斑纹，在欧洲和亚洲均有分布。

戴胜 *Upupa epops*

◆ 戴胜科 体长 25~32 厘米

它们的头上有呈扇形的长羽冠，末端有黑斑，长羽冠飞行时是收起的。它们会将窝安在树洞里，喜欢在地面上活动，长而有力的嘴能帮助它们在地面翻找虫子吃，欧洲、亚洲和非洲均有分布。

北扑翅䴕

Colaptes auratus

◆ 啄木鸟科 体长 30~35 厘米

这种生活在美洲的啄木鸟拥有粉色的面颊，身上有黑褐色、棕色、白色的细条纹，雄性拥有红色的颊纹。

鸣禽

鸣禽的动物来自雀形目（Passeriformes），它们拥有复杂而发达的鸣管结构，擅长鸣叫。它们或是用叫声来交流，或是用叫声来吸引异性，或是用叫声来保护自己。有些鸣禽，比如夜莺，叫声美妙，像是在唱歌。

四色丛鵙

Telophorus viridis

◆ 丛鵙科

身上有绿色、黄色、朱红色和黑色的羽毛，颜色艳丽，三个脚趾在前，一个脚趾在后，适合抓住枝干。它们筑巢十分精巧，幼鸟具有晚成性，主要分布在非洲。

金王鹟

Monarcha chrysomela

◆ 王鹟科

王鹟科的鸟类主要分布在东南亚和太平洋诸岛，它们有较长的尾羽和宽喙，绝大部分是在树上栖息，能建造出杯形巢，还会用地衣进行装饰。

巽他山椒鸟 *Sunda Minivet*

◆ 山椒鸟科

这种分布在太平洋诸岛的鸣禽身上有亮丽的红色，除此之外，它的头、背、翅膀和尾巴上也有一些黑色，基本是在树上活动，主要捕食空中的飞虫。

华丽琴鸟

Menura novaehollandiae

◆ 琴鸟科 体长 74~95 厘米

雄鸟拥有一个长长的尾巴，它们求偶时会将尾羽竖起展开，展开后的尾巴形似里拉琴。琴鸟基本在地面上活动，取食昆虫，生活在澳大利亚。

皇霸鹟

Onychorhynchus coronatus

◆ 霸鹟科 体长约16厘米

这种鸣禽拥有悦耳的鸣叫声。雄鸟拥有华丽的冠羽，平时贴在头上，求偶时会竖起展开像扇子一样。捕食空中的飞虫，主要分布在美洲。

黑颈红伞鸟 *Phoenicircus nigricollis*

◆ 伞鸟科

伞鸟科的动物主要分布在美洲热带地区，它们食性有差异，有的取食昆虫，有的取食水果，有的杂食。雄性一般拥有艳丽的羽毛，叫声多变。

脊索动物

太平鸟

Bombycilla garrulus

◆ 太平鸟科 体长约18厘米

这种鸣禽的叫声柔美，有簇状羽冠，眼睛四周有狭长的黑色纹路，翅膀上有蜡样的红色斑纹，尾巴端部的羽毛是黄色的，取食浆果、种子和植物的嫩芽。主要分布在欧亚北部和美国西北部。

黄头辉亭鸟

Sericulus chrysocephalus

◆ 园丁鸟科

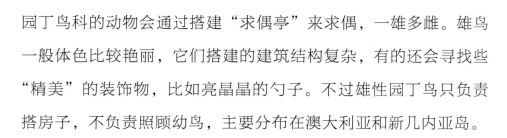

园丁鸟科的动物会通过搭建"求偶亭"来求偶，一雄多雌。雄鸟一般体色比较艳丽，它们搭建的建筑结构复杂，有的还会寻找些"精美"的装饰物，比如亮晶晶的勺子。不过雄性园丁鸟只负责搭房子，不负责照顾幼鸟，主要分布在澳大利亚和新几内亚岛。

仙唐加拉雀

Tangara chilensis

◆ 裸鼻雀科

裸鼻雀科的鸟类主要
分布在南美洲，它们
的食性复杂，有的以
昆虫为食，有的以水
果为食，有的杂食。

青山雀

Parus caeruleus

◆ 山雀科　体长约12厘米

包括青山雀在内的山雀科动物都是一种小体形鸟类，它们
的性情比较活泼好动，喜食昆虫，会把巢搭在树洞或岩缝
里，分布范围广泛。

田鸫 *Turdus pilaris*

◆ 鸫科 体长 22~28 厘米

田鸫的头部、颈部是淡灰色的，它们常常是群体活动，在欧亚北部繁殖，越冬时会去南部，取食昆虫。

白背矶鸫

Monticola saxatilis

◆ 鸫科 体长 18~20 厘米

它们的头部、颈部和前背部是蓝灰色的，取食昆虫和种子，分布范围广泛。为候鸟，每年 3—4 月的繁殖期能在中国看到。

博
物
百
科
大
图
鉴

粉红椋鸟
Sturnus roseus

◆ 椋鸟科 体长 19~22 厘米

雄性粉红椋鸟的背部和腹部拥有粉红色的羽毛，其他地方的羽毛则主要是黑色；雌鸟身上的羽毛颜色则比较暗淡。它们喜食蝗虫，候鸟，在欧洲东部及亚洲中西部越冬，在中国新疆西部繁殖。

黄鹡鸰 *Motacilla flava*

◆ 鹡鸰科 体长 15~18 厘米

黄鹡鸰上体呈橄榄绿色，下体呈黄色，头顶呈暗色，飞羽和尾羽是黑褐色的。翅上有单色横纹，候鸟，夏天和秋天可以在中国见到。

穗䳍
Oenanthe Oenanthe

◆ 鹟科　体长 15~16 厘米

白色的眼眉从前额开始一直延伸到枕侧，下体是白色的。这种候鸟分布范围广泛，夏天到秋天可以在中国见到。

红点颏 *Calliope calliope*

◆ 鹟科　体长 14~17 厘米

雄鸟身上的毛色主要是橄榄褐色，脸上有两道白色纹路，分别位于眼部上下。此外，雄鸟的下体颏和喉部有明显的赤红色区域，外围有黑色边缘。这种鸟叫声婉转悦耳，是迁徙鸟，在中国比较常见。

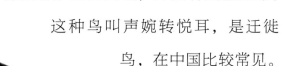

博
物
百
科
大
图
鉴

红尾鸲 *Phoenicurus*

◆ 鹟科 体长14厘米

这种鸟的尾巴是橙红色或红褐色
的，分布范围广泛，在非洲北
部、欧洲南部和亚洲均有发现。

欧亚鸲

Erithacus rubecula

◆ 鹟科 体长14厘米

这种鸟又被称为"知更鸟"，叫声婉转多变，早出晚归。在
英国花园特别常见，主要分布在欧亚大陆西部和非洲北部。

蒲苇莺

Acrocephalus schoenobaenus

◆ 莺科　体长13厘米

这种小型鸣禽常在芦苇处或长有高草、矮丛的沼泽地带处被人发现，分布范围广泛。

角百灵

Eremophila alpestris

◆ 百灵科　体长14~17厘米

雄鸟的头上有黑色的羽毛，羽毛突起时像角一样。它们会将巢搭在地上并用小石头围上，分布范围广泛，在欧洲、亚洲、北美洲和非洲北部均有发现。

斑阔嘴鸟

Eurylaimus javanicus

◆ 阔嘴鸟科

这种鸟嘴巴宽大，以昆虫为食，它们的巢是粗制的大型梨状袋。主要分布在中国的东南沿海地区和中南半岛。

大山雀 *Parus major*

◆ 山雀科 体长约14厘米

黑色的头部两侧有大白斑，这种鸟在很多地区为留鸟。到了春天它们会变得十分活泼，爱鸣叫，雏鸟晚成，分布范围十分广泛。

黑头鹀

Emberiza melanocephala

◆ 鹀科　体长 17~18 厘米

雄鸟的冬羽较春羽颜色更暗些，主要取食浆果和嫩芽，偶尔也吃昆虫，候鸟。迁徙时雄鸟和雌鸟各自成群，从中东飞往印度越冬。

苍头燕雀 *Fringilla coelebs*

◆ 燕雀科　体长约 15 厘米

雄鸟的头上是淡蓝灰色的，左右脸颊和胸部是赭色的。杂食，在欧洲、亚洲均有分布。

燕雀

Fringilla montifringilla

◆ 燕雀科　体长 14~17 厘米

这种候鸟数量多，分布范围广，取食植物种子或嫩芽。

赤胸朱顶雀

Linaria cannabina

◆ 燕雀科　体长 13~16 厘米

雄鸟的额头和胸部是红色的，部分迁徙，部分留居，在欧亚地区有分布。

禾雀

Lonchura oryzivora

◆ 梅花雀科 体长 13~16 厘米

这种鸟的嘴巴是粉色的圆锥形，又粗又厚，黑色的头上有白色的大斑纹，以植物的种子以及农作物为食，濒危动物。早期在中国也出现过，现在主要分布在爪哇岛和巴厘岛。

红额金翅雀

Carduelis carduelis

◆ 燕雀科 体长 12~14 厘米

这种鸟的额头和脸的下部分是红色的，眼周为黑色，留鸟，分布范围十分广泛。

红腹灰雀 *Pyrrhula pyrrhula*

◆ 燕雀科 体长 15~17 厘米

雄鸟的眼睛下方和腹部是红色的，靠近尾巴的地方是白色的，头和颊以及部分翅和尾是黑色的，背部、肩部、翅上则覆盖着灰色的羽毛。广泛分布在欧亚大陆。

锡嘴雀

Coccothraustes coccothraustes

◆ 燕雀科 体长约 18 厘米

这类鸟的嘴巴比较厚，能将种子及果实轻松压碎。雄性锡嘴雀的嘴巴基部、下颌和喉中部以及眼睛周边有明显的黑色，主要分布在非洲西北部和欧亚大陆上。

红颊蓝饰雀

Uraeginthus bengalus

◆ 梅花雀科 体长约13厘米

雄性红颊蓝饰雀的脸颊两侧有红色斑纹，少数有黄色斑纹，主要分布在非洲。

黑喉鹊鸦 *Calocitta colliei*

◆ 鸦科 体长58~77厘米

这种分布在墨西哥的鸟类，拥有一条长长的尾巴和一个竖起的黑色长羽冠，脸颊和喉部是黑色的，眼下方有蓝色的斑纹，主要取食水果和虫子。

松鸦
Garrulus glandarius

◆ 鸦科 体长 28~34 厘米

这种林鸟的羽毛很蓬松，头顶有可以竖起来的羽冠。留鸟，分布范围广泛，在欧亚大陆比较常见。

王极乐鸟
Cicinnurus regius

◆ 极乐鸟科 体长 20 厘米

雄鸟羽毛颜色艳丽，尾巴上有两根长长的拍状饰羽。不同于一般极乐鸟的一夫多妻制，王极乐鸟是一夫一妻制，主要分布在太平洋诸岛上。

大极乐鸟

Paradisaea apoda

◆ 极乐鸟科 体长可达43厘米

雄性大极乐鸟的喉部呈墨绿色，身上拥有丰富的长侧羽，颜色由黄向白过渡，在求偶时会高调打开，尾羽上有长长的细线状饰羽，原产于新几内亚岛和印度尼西亚。

圭亚那动冠伞鸟

Rupicola rupicola

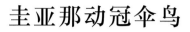

◆ 伞鸟科 体长约30厘米

雄鸟身上拥有亮橙色的羽毛和一个突出的半圆形的艳丽的羽冠，主要生活在美洲雨林。

红翅旋壁雀 *Tichodroma muraria*

◆ 鸸科 体长可达 17 厘米

这种鸟生活在岩崖峭壁上，拥有细长的喙，可以在岩缝中寻找到食物，取食昆虫，翅膀上有艳丽的红色斑纹，在欧洲、亚洲均有分布。

普通鸸 *Sitta europaea*

◆ 鸸科 体长 13~14 厘米

普通鸸脸上有黑色贯眼纹，能在树干上下攀行移动，留鸟。为防止冬季食物匮乏，有储粮的习惯，主要分布在欧洲和亚洲。

红脚旋蜜雀 *Cyanerpes cyaneus*

◆ 裸鼻雀科 体长 13 厘米

这种鸟的嘴巴弯曲细长，取食花蜜、水果和一些昆虫。雄鸟只有在繁殖期体色才会变得艳丽，过后身上将变成暗绿色，不再是亮丽的蓝色。红脚旋蜜雀主要分布在美洲。

陆禽

　　有一些鸟类虽然有翅膀，但是它们更喜欢在地面上活动，这些鸟类被称为"陆禽"。一般来说，陆禽包含鸡形目和鸠鸽目。陆禽在必要时也是能飞起来的，有些陆禽甚至会把巢安在树上，白天它们在地面上活动，晚上就到树上休息。当然，大部分陆禽的巢还是筑在地面上的。其中，还有一些不会飞的鸟被称为"走禽"。

棕尾虹雉

Lophophorus impejanus

◆ **雉科** 体长 70 厘米

这类鸟的雄鸟身上拥有绚丽多彩的羽毛，头顶还有蓝绿色竖起的羽冠，尾巴是棕色的，在尼泊尔以及中国西藏均有发现。

博物百科大图鉴

大凤冠雉 *Crax rubra*

◆ 凤冠雉科 体长 78~93 厘米

大凤冠雉腿长、尾长、喙短，头上有卷曲的羽冠。雏鸟早成，在树上活动得多，主要分布在中美洲。

蓝孔雀 *Pavo cristatus*

◆ 雉科 体长 80~230 厘米

雄性蓝孔雀的头上有直立的冠羽，身上有艳丽的羽毛，尾羽上更是有许多美丽的覆羽。当它们求偶时，则会将拥有眼状斑纹的尾巴竖起打开，形成一个美丽的扇形屏。这种孔雀原产自亚热带地区。

红腹锦鸡 *Chrysolophus pictus*

◆ **雉科** 体长 59~110 厘米

雄鸟的头上有金色丝状羽冠，颈后开始有金黄色加黑褐色边缘的披状羽，腹部呈红色，尾巴特别长。主要分布在中国。

雉鸡 *Phasianus colchicus*

◆ **雉科** 体长 59~87 厘米

雄性雉鸡羽色艳丽，有长长的尾巴，头两侧有耳羽簇，跗跖上有一个可以用来战斗的距。原产自欧亚大陆。

白腹锦鸡

Chrysolophus amherstiae

◆ **雉科** 体长可达140厘米

雄性白腹锦鸡头上有紫红色的羽冠，颈后开始有白色加蓝黑色边缘的披状羽，腹部呈白色，尾巴长。主要分布在中国和缅甸。

红腿石鸡

Alectoris rufa

◆ **雉科** 体长38厘米

红腿石鸡的嘴和脚是红色的，眼圈也是肉红色的，喉部是白色的，翅膀上有很重的条纹。它们白天喜欢聚集在一起觅食，分布在欧洲。

家鸡
Gallus domesticus

◆ 雉科

家鸡由原鸡驯化而来，食性广泛，
公鸡鸡冠相对母鸡要大些，羽色也
更艳丽些，广泛分布在东南亚地区。

盔珠鸡
Numida meleagris

◆ 珠鸡科　体长 63 厘米

这种头小、身体圆胖的珠鸡头上有突
起的骨质盔，身上的毛是黑色的且布
满珍珠般的白色圆斑，原产自非洲。

白腹沙鸡 *Pterocles alchata*

◆ 沙鸡科 体长 28 厘米

沙鸡主要栖息在干燥、植被稀疏的地方，它们身上的
羽色、斑纹与沙石很像，这能起到保护作用。它们
会在地面上弄个浅坑做巢，雄鸟去远处取水
时会将胸部的羽毛沾满水带回来给幼鸟
使用。它们分布范围广泛，在欧
洲南部、非洲北部等干燥平
原上均有发现。

蓝凤冠鸠 *Goura cristata*

◆ 鸠鸽科 体长 70~75 厘米

蓝凤冠鸠是体形很大的一种鸠鸽
类动物，头上从侧面来看有
扇形的冠羽，且雌雄鸟
都有，留鸟，巢安
在树上。主要分布
在印度尼西亚。

非洲鸵鸟 *Struthio camelus*

◆ 鸵鸟科　高 1.75~2.75 米

这种生活在非洲热带草原和沙漠上的鸵鸟，是世界上现存最大的鸟类。它们有又大又重的身体和又细又长的脖子，头很小，不能飞行但很擅长奔跑。

双垂鹤鸵 *Casuarius casuarius*

◆ 鹤鸵科　1~1.8 米

这种翅膀退化不会飞的鸟，头上有个大的角质头盔，喉部有 1~2 个红色肉垂，取食水果。栖息在新几内亚岛南部和澳大利亚北部的雨林中。

博
物
百
科
大
图
鉴

涉禽和游禽

涉禽一般是靠水而居，它们生活在水边、沼泽，但不包括长有蹼的海鸟。有的涉禽拥有长长的腿，这样方便觅食时在水中站立；有的脖子很长或喙很长，这样方便它们捕捉水中或泥沙中的食物。不仅如此，涉禽大多还很擅长飞行。

游禽则喜欢在水上生活，它们擅长游泳和潜水，脚趾间有蹼，主要取食鱼等水中生物，不擅长在陆地上活动。

丘鹬 *Scolopax rusticola*

◆ 鹬科 体长 35 厘米

这种鸟腿短嘴长，一般在夜里出来觅食，长直的嘴可以帮助它们找到土里的蚯蚓。候鸟，在欧亚繁殖，到北非越冬。

埃及鸻 *Pluvianus aegyptius*

◆ 燕鸻科 体长 22 厘米

这种鸟的眼上有条白色长纹带，下体羽毛是浅黄色或白色的，雏鸟早成。候鸟，主要分布在非洲。

流苏鹬 *Philomachus pugnax*

◆ 鹬科 体长 20~30 厘米

繁殖期的雌雄鸟差异很大，
雄鸟的头部和颈部有夸
张而丰富的饰羽。繁殖
期一过，就会换成和雌鸟
一样的暗淡羽毛。候鸟，在欧
洲、亚洲、非洲以及澳大利亚
均有分布。

反嘴鹬 *Recurvirostra avosetta*

◆ 反嘴鹬科 体长 40~45 厘米

它们的嘴是黑色的，长且弯曲
上翘，身上羽毛基本就黑
白两种颜色。头顶至后颈
是黑色的，翅膀是黑白相
间的，长腿和脚是青灰色
的。候鸟，分布范围广泛。

翻石鹬 *Arenaria interpres*

◆ 鹬科 体长 18~24 厘米

这种鸟过了繁殖期身上的红
栗色就会消失，变成暗色。
候鸟，分布范围广泛，一般
会选择在北半球繁殖。

石鸻

Burhinus oedicnemus

◆ 石鸻科 体长 40~45 厘米

石鸻是夜行性动物，生性
机警胆小，在欧亚大陆、
北非均有分布。

灰冠鹤 *Balearica regulorum*

◆ 鹤科 体高 1~1.1 米

它们的头上有一大簇金黄色的羽冠，额头有突出的黑色羽毛，左右脸颊上各有一块裸露的皮肤，喉部有下垂的红肉。这种鹤科的鸟和一般的鹤不太一样，它们会飞但不能长距离迁飞。它们叫声像鹅不像鹤，它们还能抓住树枝在树上栖息，主要生活在非洲。

日鳽 *Eurypyga Helias*

◆ 日鳽科 体长 43~48 厘米

当它们求偶或遇到威胁时，会张开翅膀和尾巴，身体由毫不起眼的暗色瞬间变得绚烂。翅膀上有对"眼状"的亮丽色斑，多用来炫耀或吓退敌人，分布在新热带地区。

草鹭 *Ardea purpurea*

◆ **鹭科** 体长 83~97 厘米

草鹭的头后方有两根丝状的垂放
的冠羽，喜欢栖息在有大片芦苇
的水域。它们部分是留鸟，部分
迁徙，分布范围十分广泛，在欧
洲、非洲、亚洲均有发现。

水雉 *Hydrophasianus chirurgus*

◆ **水雉科** 体长 31~58 厘米

水雉的叫声像猫，尾巴很长，羽色鲜艳，颈后有一片金黄色的斑
块，会游泳，会潜水，会飞。由于脚的结构特别，它们能在菱角、
莲之类的水生植物的叶面上行走，主要分布在亚洲。

角叫鸭 *Anhima cornuta*

◆ 叫鸭科 体长约 90 厘米

这种鸟类的前额上长了一个长长的、向前弯曲的钙化突起，脚趾微微有点蹼。它们叫声尖厉，主要生活在南美洲的湿草地和沼泽处。

大红鹳

Phoenicopterus roseus

◆ 红鹳科 体长 110~150 厘米

这是一种体形最大的红鹳，脖子和腿部都十分细长，体羽主要是粉色的，粉色的喙端部是黑色的。它们分布范围广泛，在欧洲、非洲以及中亚地区均有发现。

凤头黄眉企鹅

Eudyptes chrysocome

◆ 企鹅科　体长 55~58 厘米

这种企鹅因为喜欢在岩石上跳跃前进，因此又被称作"跳岩企鹅"。它们的眼睛上各有一簇黄色的长羽毛，脾气暴躁凶悍，主要分布在亚南极地区、非洲以及南美洲的南端地区。

漂泊信天翁 *Diomedea exulans*

◆ 信天翁科　体长 1.1~1.4 米

这种大型的信天翁，翼展最大可达 3.7 米，体羽主要是白色的，翅膀的颜色会随着年龄的增加而变淡。它们终身只认一个配偶，主要生活在南冰洋附近。

红嘴鸥

Larus ridibundus

◆ 鸥科 体长 37~43 厘米

这种体形和羽色很像鸽子的鸟分布广泛，在很多水域边都能见到。它的嘴和脚是红色的，冬天，它们的面部深色区域会变成浅色。

黑剪嘴鸥 *Rynchops niger*

◆ 鸥科 体长 40~50 厘米

社会性鸟类，下喙长于上喙，捕食时紧贴水面飞行，将下喙从水中掠过。它们是迁徙鸟，主要分布在北美洲和南美洲。

博物百科大图鉴

鸳鸯 *Aix galericulata*

◆ 鸭科　体长 38~45 厘米

鸳指雄鸟，鸯指雌鸟。雄鸟羽色艳丽，嘴是红色的，有艳丽的羽冠，翅膀上有一对扇形的栗色直立羽，原产地在亚洲。

卷羽鹈鹕 *Pelecanus crispus*

◆ 鹈鹕科　体长 160~180 厘米

卷羽鹈鹕拥有又长又粗的嘴，喉囊是黄色的，喜群居，擅长游泳。它们主要取食鱼类，在欧洲、亚洲、非洲均有分布。

埃及雁

Alopochen aegyptiacus

◆ 鸭科 体长 63~73 厘米

埃及雁眼部有红色眼圈，翅膀大，脚长，飞行和游泳都擅长，主要分布在非洲。

普通秋沙鸭

Mergus merganser

◆ 鸭科 体长 54~68 厘米

雄鸟的头部和颈上部具有绿色的金属光泽，头后部有短的冠羽。它们是迁徙鸟，分布范围广泛。

哺乳动物

哺乳动物形态差异大，地球上已知的种类数超过 5400 种，而我们人类只是其中一种。大部分哺乳动物是温血动物，有骨骼来支撑身体、保护内脏，有可以在空气中呼吸的肺，还有用来保持体温的皮毛或毛发。同时，哺乳动物会去照料自己的幼儿，幼儿会通过吃母乳来获取营养。

大部分哺乳动物的大脑要比其他动物类群大些，这与它们坚固的头骨有关。哺乳动物能行走，能奔跑跳跃，它们分布范围广泛。有能上天的蝙蝠，有能入地的鼹鼠，有能爬树的猴子，有能游泳的鲸。酷热的沙漠、寒冷的北极……都有哺乳动物出没，哺乳动物可以说是一类进化得相当成功的动物了。

灵长目

灵长目的学名是"Primates"，原意是"首要，第一等"的意思。灵长类动物的大脑占比相对其他哺乳动物要大些；相对于嗅觉，灵长类动物更依赖视觉。它们的眼睛朝前，这能帮助它们建立起良好的立体视觉，有利于它们在树上生活、跳跃。此外，有的灵长类还进化出了三色视觉；有的灵长类动物拥有对生的拇指和可以弯曲的尾巴，这有利于它们的活动。当然，有的灵长类的手指经过不断进化已经逐渐分化，可以灵活使用工具了，比如人类。

多数灵长类动物雌雄在形态或特征上会有差异，呈两性异形，比如雌雄的身高、体重会有所不同，有的还会有不同体色。不同物种的灵长类动物会选择不同的生活方式，有的选择独自生活，有的选择一雌一雄的小家庭式生活，也有的一雄多雌或雄雌混合成群生活。

大多数灵长类动物成长时间长。灵长类动物间的体形差异很大，大的像东部大猩猩体重有200千克，而小的像狐猴体重只有30克。除了人类和极少数的灵长类动物可以住在除南极洲以外的任何地区，其他大部分灵长类动物则主要分布在美洲、亚洲及非洲的热带或是亚热带区域。

大猩猩 *Gorilla gorilla*

◆ **猩猩科** 站立时身高 1.4~1.8 米

大猩猩拥有半球形的前额、矮胖的身体和强有力的前肢，草食性动物，食物主要是浆果、叶子、树皮等。它们成群生活，群体稳定，通常由一只成年雄性首领和一些未成年的雄性、若干只雌性以及孩子组成，主要分布在中非西部的热带雨林中。

黑猩猩

Pan troglodytes

◆ 猩猩科

体长 64~93 厘米，站立时身高 100~170 厘米

黑猩猩主要分布在非洲西部和中部，它们栖息在热带雨林、灌木林以及草原上，主要吃植物，但是也会吃昆虫或其他肉类。肢体动作和面部表情丰富，喜动，会使用简单的工具。黑猩猩集群生活，群之间还会往来，会长期保持母子关系。

青长尾猴 *Cercopithecus mitis*

◆ 猴科 体长 49~66 厘米

青长尾猴又称"青猴"，是长尾猴属动
物，毛色发青，毛长且蓬松柔软。主要
分布在非洲，栖息在亚热带的常绿阔叶
林中，取食植物或蛙、蟹。集群生活，
一只雄性首领和若干雌性及它们的后代
生活在一起。同大部分长尾猴属一样，
青长尾猴属于濒危物种。

白头卷尾猴 *Cebus capucinus*

◆ 卷尾猴科　体长 31~57 厘米

白头卷尾猴又称"悬猴"，是一种新大陆猴。它
们的尾部可以弯曲，缠住树枝，喜欢群居在树
上生活，取食植物和一些小型无脊椎动物，比
如蜗牛，主要分布在美洲和中美洲。

红领狐猴 *Varecia rubra*

◆ **狐猴科** 体长 55~60 厘米

红领狐猴的毛主要是红色，又厚又软，头冠呈白色，脸和尾巴是黑色的，是马达加斯加独有物种，主要栖息在东北部的热带雨林中，属濒危物种。它们主要在树上活动，擅长在两树间跳跃，家庭式群体活动，植食性。

博物百科大图鉴

环尾狐猴 *Lemur catta*

◆ 狐猴科　体长 39~46 厘米

环尾狐猴头小，耳朵大，额头低，吻部突出，后肢比前肢长，也较前肢发达，擅长奔跑、跳跃和攀爬。长长的尾巴上有十多个黑白相间的圆环纹路，腋下和肛门处共有三个臭腺。它们取食花、果、树叶以及昆虫，喜欢成群生活在一起，会互相梳理毛发，是濒危物种，分布在马达加斯加岛的南部和西部。

指猴 *Daubentonia madagascariensis*

◆ **指猴科** 体长 30~40 厘米

指猴的指细长，可以从树皮下掏出虫卵，取出昆虫，嘴鼻突出，大耳朵，脸长得像狐狸，尾巴长且毛蓬松。它们白天休息，夜间活动，取食果、鸟蛋、虫卵及小型昆虫，生活在马达加斯加岛上。

披毛目

披毛目（Pilosa）动物种类不多，主要栖息在树上，原产于中美洲和南美洲，现主要分布在美洲，包括食蚁兽和树懒。这类动物的齿式和其他哺乳动物不太一样，食蚁兽科的动物没有牙齿，它们用舌头捕捉到虫蚁后在口腔里挤一挤再吞下去，树懒则没有门齿和犬齿。

三趾树懒 *Bradypus tridactylus*

◆ **树懒科** 体长 42~60 厘米

树懒亚目又分树懒科和二趾树懒科，三趾树懒体形相对小些，行动也更缓慢些。它们生活在树上，三趾树懒的前脚和后脚均有三个指头，又长又弯的爪子可以帮助它们在树上活动，三趾树懒在地上不能站立行走但能游泳。它们取食植物的嫩枝、芽和幼叶，不过要完全消化这些食物，可能需要一个多月的时间。树懒不爱活动，加上潮湿的生活环境，它们的毛上会长出藻类，这使它们的毛看上去是绿色的。主要分布在巴西、圭亚那、苏里南、委内瑞拉。

侏食蚁兽
Cyclopes didactylus

◆ **侏食蚁兽科** 体长 15~35 厘米

侏食蚁兽科现仅存侏食蚁兽这一种动物了。它们体形特别小，弯弯的爪子，前腿两爪，后腿四爪。有条长长的可以卷曲的尾巴，基本在树上活动，是树栖型动物。夜行，取食蚂蚁和白蚁，主要分布在美洲。

大食蚁兽 *Myrmecophaga tridactyla*

◆ **食蚁兽科** 体长 1~1.8 米

大食蚁兽是现存食蚁兽中体形最大的食蚁兽，它们的眼睛和耳朵都很小，长长的管状吻和细长的舌头方便它们取食蚂蚁，锋利的长爪可以去扒树皮和挖掘，有粗壮的前腿和毛发旺盛蓬松的大尾巴。夜行，取食蚂蚁、白蚁等昆虫，一天可以吃掉 30 000 只，主要分布在乌拉圭和阿根廷的西北部。

皮翼目

鼯猴科 Cynocephalidae

◆ 体长 34~42 厘米

皮翼目（Dermoptera）下的动物仅鼯猴科这 1 科 1 属 2 种，分别是菲律宾鼯猴（Cynocephalus volans）和马来鼯猴（Cynocephalus variegatus）。它们长着一对大眼睛，体侧自颈部至指尖、尾部长有一层薄薄的皮膜。鼯猴借助这个皮膜可以从一棵树滑翔到另外一棵树上。它们单个生活或群居，白天倒挂在树上休息，晚上才出来取食树叶和果实。鼯猴有像梳子一样排列的下颌牙，这能帮助它们梳毛和刮取植物。

翼手目

　　翼手目（Chiroptera）动物俗称"蝙蝠"，它们拥有翼膜，是哺乳动物中唯——类真正会飞的动物。蝙蝠分布范围广泛，可以在除极地和某些大洋岛屿外的不同生境中栖息。大部分蝙蝠会在白天倒挂着休息，晚上才出来觅食。黑暗中，有些蝙蝠靠回声定位来回避障碍物以及发现猎物，有的则依靠嗅觉和视觉，绝大部分的蝙蝠听觉都很灵敏。不同的蝙蝠食性不一样，有的蝙蝠取食水果、花蜜或花粉，有的取食昆虫和小型节肢动物，有的食肉，还有一些蝙蝠会吸血。蝙蝠是社群化动物，生活在群体中，温带的蝙蝠会有迁徙或冬眠的习性。

假吸血蝠科 Megadermatidae

这一类蝙蝠长着大耳朵，鼻子上面有个突出的皮肤衍生物，两腿之间有连着的尾翼膜，不吸血，肉食性。它们分布范围广泛，在大洋洲、中国、印度、缅甸、马来西亚均有发现。

狐蝠 *Pteropus*

◆ 狐蝠科

狐蝠的脸长得像狐狸，体形比较大。其中马来大狐蝠（*Pteropus vampyrus*）是全世界体形最大的蝙蝠，翼展近 1.5 米。狐蝠是植食性动物，大部分取食水果，主要靠嗅觉或视觉寻找食物。群居的多，主要分布在东半球的热带和亚热带地区。

大耳蝠 *Plecotus auritus*

◆ 蝙蝠科　体长约 4.5 厘米

这类蝙蝠有着一对又大又宽的耳朵，因此得名。大耳蝠的耳朵基部相连，它们有尾巴，和股间膜连在一起，单独栖居，不和其他蝙蝠混居。每年 9 月开始冬眠，取食昆虫和小型哺乳动物等，主要分布在欧洲和亚洲。

食肉目

　　食肉目（Carnivora）动物大部分是肉食性的，比如老虎、狮子；有一部分是杂食性的，比如狗、狐狸；还有大熊猫这样几乎植食性的动物。大部分食肉目动物还有敏捷的身体和发达的感觉器官，这能帮助它们更好地抓住猎物，获得食物。

　　经过长期进化，食肉目动物的体形和生活方式产生了许多差异。体形最小的只有 14 厘米长，最大的有 7 米长；有的生活在陆地上，有的生活在大海里；有的速度快，有的行动缓慢。不过，食肉目动物有个共同点，就是它们都有适合撕咬猎物的锐利有力的牙齿。

獾 *Meles meles*

◆ **鼬科** 体长 56~90 厘米

这种腿短、尾短、毛厚的动物，会生活在一个由多个地下房间和通道组合起来的复杂"獾洞系统"中。它们一般会在夜间出来活动，杂食性，水果、坚果、蜗牛、植物都是它们的食物。主要分布在欧洲和亚洲。

松貂 *Martes martes*

◆ **鼬科** 体长 45~58 厘米

松貂拥有细长的躯体和短的四肢，头小耳短，但听觉、嗅觉灵敏，领地意识强。它们会将巢筑在树穴或灌木林中，杂食性，主要分布在欧洲。

水獭 *Lutra lutra*

◆ **鼬科** 体长 50~90 厘米

水獭有着扁圆形的身躯，体毛又长又密，圆而突的眼睛，小耳朵。水獭在水下时，耳朵和鼻子都可以闭上，趾间具蹼，喜欢在水中活动，游动速度快。它们白天在洞穴中，夜里出来捕食青蛙、小鱼或其他水生动物。分布范围广泛，在亚洲、欧洲和非洲均有发现。

蜜熊 *Potos flavus*

◆ 浣熊科 体长 40~76 厘米

蜜熊是树栖动物,它们拥有一个长尾巴,尾端可以卷曲,帮助它们在树上活动。蜜熊在白天休息,夜间出来觅食,杂食性。它们可以用长长的舌头来取食果实、花蜜或蜂蜜,偶尔也吃昆虫、鸟类或鸟蛋,主要分布在中美洲和南美洲。

浣熊 *Procyon lotor*

◆ 浣熊科 体长 40~65 厘米

浣熊脸上有类似眼罩形状的黑色眼斑,尾巴有数个暗色相间的环纹。厚皮毛帮助它们御寒,适应性强,擅长奔跑、攀爬,也会游泳,可以在野外林地生活,也可以在城市、乡间生存。杂食性,爪子灵活,可以抓虫子,也可以翻垃圾桶寻找食物,主要分布在北美洲。

棕熊 *Ursus arctos*

◆ 熊科 体长 1.5~2.8 米

棕熊又称"灰熊",体形大,前爪能长到 10 多厘米长。长爪子虽然不能帮助它们爬树,但是可以增强它们的战斗力。强有力的前臂在挥击目标时,爪子会产生很大的杀伤力。除了繁殖期和照顾幼崽时期,大部分时间它们是独居的,杂食性,取食浆果或鱼类。棕熊分布范围广泛,在亚洲、北美洲、北欧地区均有它们的踪迹。

亚洲胡狼 *Canis aureus*

◆ 犬科 体长 65~105 厘米

这种小型豺狼分布范围广泛,在欧洲、亚洲和非洲都有出现。它们的嗅觉、听觉都很发达,行动敏捷,和家犬一样喜欢挖洞和嗥叫,会用尿液传达信息。食肉,也吃一些水果、玉米。

查理王小猎犬 *King Charles*

◆ 犬科 身高 23~33 厘米

查理王小猎犬长毛，耳朵下垂，是一种古老的品种，在
17 世纪很受欧洲宫廷的欢迎。英国国王查理一世和查理
二世都十分喜欢这个品种，因此得名。

边境柯利牧羊犬

Canis lupus familiaris

◆ 犬科 身高 45~54 厘米

边境柯利牧羊犬智商高，最早是作为工作犬养育的，可以
牧羊，具有一定的搜寻能力。

鬣狗科 Hyaenidae

鬣狗科动物主要分布在非洲，只有4属4种，分别是有斑纹的斑鬣狗（*Crocuta crocuta*）、有黑白条纹的缟鬣狗（*Hyaena hyaena*）、两肋有明显鬣毛的棕鬣狗（*Parahyaena brunnea*）和相对瘦弱的土狼（*Proteles cristatus*）。这四种动物中，土狼以昆虫为食，虽然长得像缟鬣狗，但胆子比缟鬣狗小多了，遇到危险只竖毛不露牙，还会从肛门排出刺激性气味，试图吓退敌人，大多独居；而鬣狗则体形强壮，性子凶猛，颌和牙齿十分有力，主要取食腐肉；缟鬣狗更是食性复杂，水果、小动物都是它的"盘中餐"。此外，鬣狗过的是群居群猎的生活。

狮（雄性）

狮 *Panthera leo*

◆ 猫科 体长 1.6~2.5 米

雄狮和雌狮个体差异比较大，雄狮头颈处拥有浓密的鬃毛。它们以家庭为单位群体生活，是非洲草原上现存最大的猫科动物。它们凶猛彪悍，捕食时雄狮负责保卫狮群，雌狮协作追捕猎物。

狮（雌性）

美洲豹 *Panthera onca*

◆ 猫科　体长 1.2~2.8 米

美洲豹是世界上现存的第三大猫科动物（前两名是虎和狮），因其体形像老虎，又被称作"美洲虎"。性凶猛，体能好，咬力强，喜欢独行，会游泳，捕猎范围广，如鱼、鳄鱼、乌龟、鹿等，主要分布在美洲。

金钱豹 *Panthera pardus*

◆ 猫科　体长 0.9~1.9 米

这种浑身布满花纹的动物又被称为"花豹"，还有一种黑化的、通体发黑的品种被称为"黑豹"。金钱豹四肢强健有力，擅长奔跑，会爬树。为了防止食物被抢走，它们经常把食物带到树上食用，喜欢独居。金钱豹分布范围广泛，在非洲、东南亚、中东均发现过它们的踪迹。

博
物
百
科
大
图
鉴

虎 *Panthera tigris*

◆ 猫科

虎是大型猫科动物，目前由于人类的捕杀和栖息地被破坏，野生虎的数量正在逐年减少，不同品种间有所差异。除了一些变种外，绝大部分虎的毛色是浅黄色或棕黄色，上有暗色条纹。虎是一种山地林栖动物，岩石较多的山地、雨林、阔叶林，以及中国东北地区的山脊，都有虎的踪迹，喜欢独居。虎擅长短距离快跑，用强大爆发力捕猎一些大型动物，比如野牛。

港海豹 *Phoca vitulina*

◆ **海豹科** 体长 1.2~1.8 米

海豹科动物头两侧的"小洞"就是它们的耳朵，没有耳郭，流线型的身型、脚蹼样的后鳍肢可以帮助它们在水里活动自如。港海豹主要分布在北半球的温带和极地海域，蹼短，身上有美丽的斑纹，基本生活在水里，只有生产时才上岸。它们主要取食鱼和鱿鱼，是国家二级保护动物。

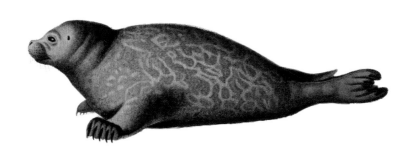

猬形目

欧洲刺猬 *Erinaceus europaeus*

◆ 猬科 体长 20~30 厘米

这种刺猬在西欧的林地、农场、花园里特别常见，是猬
形目（Erinaceomorpha）下的动物。该目仅猬科 1 科，大
部分猬形目动物体背和体侧的毛特异化成了短刺（猬亚
科），有一部分身上则有普通的毛发（毛猬亚科），绝大
部分足上有 5 个脚趾，利于挖掘。它们多在早晨、黄昏
或夜里出来活动，杂食性，取食虫子、水果、真菌等，
有的还会吃腐肉。

树鼩目

　　树鼩目（Scandentia）动物有 2 科，其中羽尾树鼩科仅有羽尾树鼩一种。这种动物的尾巴又长又软，像羽毛一样。

树鼩 *Tupaia belangeri*

◆ **树鼩科** 体长 12~21 厘米

树鼩有着锋利的爪子，可以帮助它们在树上行动，擅长跳跃、攀爬，动作敏捷。它们的吻部又尖又长，这可以帮助它们寻找食物，杂食性，取食昆虫、水果、树叶等，一夫一妻制。我国有树鼩分布，但因为其形态、行为与松鼠相似，常被误认为是松鼠。

鼩形目

　　鼩形目（Soricomorpha）动物大部分是鼩鼱科的，它们的吻部尖长，有爪子、柔软的体毛和细长的尾巴，取食昆虫，牙齿锋利，有的还能在咬住猎物后注入有毒唾液。它们体形差异较大，最小的臭鼩只有3.5厘米，而最大的古巴沟齿鼩有39厘米。

普通鼩鼱
Sorex araneus

◆ **鼩鼱科** 体长5~8厘米

这种常见的鼩鼱取食昆虫、蜗牛、蚯蚓等，白天和晚上都会出来活动，不冬眠。

啮齿目

　　啮齿目（Rodentia）动物没有犬齿，但有一对突出的发达门牙。这对门牙终生都在生长，所以它们要不断地啃食东西来"磨牙"。啮齿目动物数量多，在哺乳动物中占比大，繁殖能力强，分布范围广泛。它们适应能力强，可以在多种生境中栖息，能在树上跳跃，能在水里游泳，能在空中滑翔，能在洞穴里居住，能在沙漠中生存……

美洲飞鼠 *Glaucomys Volans*

◆ **松鼠科** 体长 13~15 厘米

美洲飞鼠有一双大眼睛，四肢细长，当四肢张开时可以看到用来滑翔的飞膜，会在树洞或阁楼做窝。它们很少到地面上活动，夜行性动物，取食昆虫、水果和植物，主要分布在美洲。

欧洲仓鼠 *Cricetus cricetus*

◆ **仓鼠科** 体长 20~34 厘米

欧洲仓鼠的体形大，腹部皮毛是黑色的。它们白天在洞穴里休息，夜间出来活动，主要取食植物，原产地在中欧、俄罗斯、比利时。

跳鼠科 Dipodidae

跳鼠科动物有长长的后脚，后腿有力，擅长跳跃，长长的尾巴能帮助它们在半空中保持平衡。主要取食植物，偶尔也吃昆虫，有冬眠的习性。它们原产自非洲，在欧洲、美洲、亚洲均有发现。

河狸 *Castor fiber*

◆ 河狸科 体长 80~120 厘米

河狸科仅有欧亚河狸和北美河狸这两大类动物，它们身体肥大，后肢粗壮，拥有强有力的爪子，可以用石头、泥巴与树枝搭建出小窝和河坝。河狸拥有光滑的毛皮，尾巴扁平，有鳞片，擅长游泳和潜水。在夜间活动，主要取食植物。

长鼻目

　　长鼻目（Proboscidea）下现存的只有象科这一种动物，象是陆地上最大的哺乳动物，体重可达 5 吨，肩高可达 4 米。象的鼻子十分有力，可以卷曲用来获取食物，也可以用来沐浴，还可以用来交流、保护自己。象是"素食主义者"，食量很大。

　　象科里的大象主要分为亚洲象和非洲象，不过也有研究者表示，应该是亚洲象、非洲草原象和非洲森林象三种。非洲象生活在非洲，亚洲象生活在东南亚和印度；亚洲象的体形比非洲象要小些，非洲草原象体形是最大的。非洲象的耳朵比亚洲象要大些、圆些，亚洲象的鼻子末端只有一块指状突起，而非洲象有两块。

单孔目

鸭嘴兽 *Ornithorhynchus anatinus*

◆ **鸭嘴兽科** 体长约 46 厘米

这种动物的嘴巴和脚像鸭子，身体和尾巴像河狸，独居，白天几乎不出来，可以使用毒液来保护自己。它们擅长游泳，取食一些小的水中生物，生活在澳大利亚。

奇蹄目

　　奇蹄目（Perissodactyla）下面目前仅存三科，分别是马科、貘科和犀科。这三科动物都以植物为食，虽然都是奇蹄目动物，但是它们的脚趾数量不同：马科的动物，比如斑马、驴，其他两趾均已退化，足上只有一个趾和发达的角质蹄；貘科的动物前足四趾，后足三趾，保留了原始奇蹄目的特征；犀科的动物则是四只足上各有四趾。

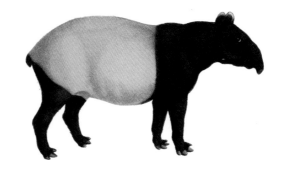

马来貘 *Tapirus indicus*

◆ **貘科** 体长约 2 米

马来貘是貘中最大的一种动物，胆小，喜欢独居。耳朵尖端和体躯上有白色斑纹，鼻子长，身体粗壮，会游泳，取食植物。它们主要分布在东南亚的马来西亚、印度、缅甸、泰国。

斑马

◆ 马科

斑马中身形最大的是细纹斑马（*Equus grevyi*），它是非洲的特产，身上有白色和黑褐色相间的细条纹；身形最小的是分布在非洲西南部的山斑马（*Equus zebra*）。这种斑马的腹部是白色的，臀部的条纹比身上的条纹宽。斑马身上的条纹有自保的作用，当它们聚集在一起的时候，捕食者很难选定具体攻击对象。

马 *Equus caballus*

◆ 马科

家马大约是从 5000 年前
开始被驯化，慢慢地有了
很多用途，如打仗、运输、
交通、观赏、比赛等。这种
马品种有很多，但目前世界上
仅存的野马只有普氏野马（Equus ferus）这一种了。

印度犀
Rhinoceros unicornis

◆ **犀科** 体长 2.1~4.2 米，体重 2~4 吨

体形庞大的印度犀的鼻子上面只有一只角，雄性的角是粗短的，因此又
被称为"大独角犀牛"。印度犀身上的褶缝宽大，像披着铠甲，皮上有
许多鼓起的小圆包。它们取食植物，擅长游泳，主要生活在印度的东北
部和尼泊尔。

鲸偶蹄目

近年来，因为有研究表明鲸目和偶蹄目有亲缘关系，所以就将偶蹄目（Artiodactyla）和鲸目（Cetacea）放在一起归为鲸偶蹄目（Cetartiodactyla）了。不过，现在很多地方还是习惯沿用原来的叫法。

河马 *Hippopotamus amphibius*

◆ 河马科 体长 2.8~4 米

河马长着一张大嘴巴，里面是锋利的大牙齿，圆圆的身体、粗短的四肢，看上去很温和，其实很暴躁，皮肤能分泌红色的"汗液"，用来防护皮肤。河马白天在水中休息，体内有厚厚的脂肪可以帮助它们浮于水中，四肢可以在河床上行走。夜里出来活动，取食植物，食物匮乏时也会食肉。

西貒科 Tayassuidae

西貒科动物的外形和猪十分相像，都是小眼睛，而且鼻子都是软骨结构。但是西貒体形要比一般的猪小些，几乎没有尾巴，有向下的獠牙，胃部的结构也更复杂些，主要分布在新大陆。

猪科 Suidae

猪科动物已经有许多品种被人类驯化，成为专门提供肉类的品种。许多野外品种的猪獠牙并没有退化，它们比家猪更聪明、敏捷。猪科动物用中间的两趾行走，有一个胃，杂食性，分布范围广泛。

单峰驼 *Camelus dromedarius*

◆ 骆驼科　体长约3米，高约2米

它们的脚比较特别，没有蹄，有两个脚趾，行走时同一侧的前后蹄同时迈步。和其他骆驼一样，它们是跪着休息的。单峰驼性情温和，背上的驼峰可以储存脂肪，可以连续好几天不喝水，因此能在沙漠中运输货物和载人，原产于亚洲西部、南部和非洲。

薮羚 *Tragelaphus scriptus*

◆ 牛科　体长1~1.3米，肩高约0.9米

它们的脸上和身上有着明显的花纹，不过不同地域的薮羚身上的毛色和花纹会有所不同。雄性薮羚有螺旋形长角，社交性低，多单独出现，白天不怎么出来，取食植物，主要分布在非洲。

羊驼 *Lama pacos*

◆ 骆驼科　体长 1.2~2.3 米，肩高 0.9~1.3 米

羊驼长得像骆驼但没有驼峰，可以好几天不喝水，走路的姿势也像骆驼。身上有像绵羊毛似的卷卷的细细的毛，但毛的质地比绵羊毛好。它们原产于北美洲，在澳大利亚、秘鲁、玻利维亚、智利均有分布。

麝科 Moschidae

雄麝因为身上含有香囊，可以分泌麝香，因此麝又被称为"香獐"。麝没有角但是有发达的獠牙，耳朵长，竖起，后肢比前肢长，利于在山地行走和跳跃，取食植物。它们主要分布在中国、韩国、蒙古国、俄罗斯。

驼鹿 *Alces alces*

◆ **鹿科** 体长 2~2.6 米，肩高 1.6~2.4 米

驼鹿是现存鹿科中最大的鹿，它的躯体短粗、脸长、脖子短。雄性驼鹿头上有一对很大的扁平、呈掌状的鹿角，每年会脱落一次。它们能蹚水，能在积雪中自由行走，食草动物，需反刍，主要分布在北美洲北部和欧亚大陆北部。

长颈鹿 *Giraffe camelopardalis*

◆ 长颈鹿科

作为世界上现存最高的陆生动物，长颈鹿站立时高达 6~8 米，睡觉时头靠着树，饮水时前腿呈八字张开或跪下，十分不方便。头上有一对小短角，终身不脱落，舌头很长、很灵活。它们主要取食树叶、树枝，警觉性高，主要分布在非洲。

野山羊 *Capra aegagrus*

◆ 牛科 体长 1.1~1.2 米

野山羊无论雌雄都长有一对角，雄性的弯角要长些。除此之外，雄性下颌还有胡须样的鬃毛，雌性下颌有长须。它们夏天在高处食草或青苔，冬天为避开积雪会下移，灵活性、平衡性都很好，能在岩石间跳跃。

美洲野牛 *Bison bison*

◆ 牛科 体长 2.1~3.5 米，肩高 1.2~2.0 米

美洲野牛是一种大型的北美洲动物，头上有一对非常锋利的小弯角，头大，肩部向上隆起，臀部的毛很短，个性很凶猛，食草。

鲸类

鲸类动物大部分生活在海里，有一部分在淡水里生活。有研究表明，鲸类是由早期在陆地上生活的偶蹄动物演变来的。为了适应水里的生活，它们的前肢进化成鳍，后肢消失，尾部进化出了水平的尾鳍。鲸类的耳朵没有耳郭，听觉好，大多数种类还能依靠回声定位来规避障碍物和交流。它们的气孔长在头顶上方，鲸虽然可以利用身体储存氧气，并在水下活动很长时间，但换气还是要在水面上进行。有的鲸有利齿，被归为齿鲸；有的鲸没有牙齿，有鲸须，就被归为须鲸。因为结构不同，饮食也会有所不同，它们或捕食或滤食。

普通海豚 *Delphinus delphis*

◆ 海豚科　体长约 2.5 米

普通海豚拥有光滑的流线型身体和发达的声呐系统，在水中的游泳速度十分快，还能跳跃。它们喜欢群居生活，有牙齿，取食鱼类，主要分布在热带至温带海域。

长须鲸 W *Balaenoptera physalus*

◆ **鳁鲸科** 体长 18~25 米

长须鲸是一种须鲸，体形十分大，背鳍在身体后方。它们的腹部有许多褶沟，进食时这些褶沟可以打开，以增大腹部容量，使胃部能容纳更多的食物。长须鲸的游泳速度在鲸中是名列前茅的，它们冬天在温暖水域繁殖，夏天会前往食物丰富的冷水域。

其他

六带犰狳

Euphractus sexcinctus

◆ **犰狳科** 体长 40~50 厘米

带甲目（Cingulata）动物只有犰狳科这一科。犰狳身上有铠甲似的外壳，当遇到危险时，部分种类的犰狳会缩成一团，用外壳来保护自己。它们会游泳，大部分是夜行。相对来说，六带犰狳白天更活跃一点，无法缩成一团，嗅觉灵敏，取食植物、无脊椎动物和腐肉，主要分布在南美洲。

印度穿山甲

Manis crassicaudata

◆ 穿山甲科 体长 45~75 厘米

鳞甲目（Pholidota）动物只有穿山甲科这一科。穿山甲拥有角质鳞片，当遇到危险时它们可以迅速缩成一团，印度穿山甲还能放出难闻的液体。它们前爪锋利有力，适合挖掘，长长的、黏黏的舌头可以帮助它们取食蚂蚁和虫卵。

有袋类

有袋类动物生下来后没有皮毛，生长发育还不太成熟，需要在妈妈的育儿袋里待上一段时间，等发育好后才离开育儿袋，到外面的世界生活。

袋鼠是有袋类袋鼠科（Macropididae）下的一种动物，后肢粗壮有力，适合跳跃，尾巴也很强壮，能保持平衡或支撑身体。袋鼠取食植物，主要分布在澳大利亚。

负鼠是有袋类负鼠科（Didelphidae）下的一种动物，不过并不是所有的负鼠都有育儿袋。有的负鼠会"假死"，流出恶臭的液体来迷惑敌人，然后借机逃走。它们主要生活在美洲。

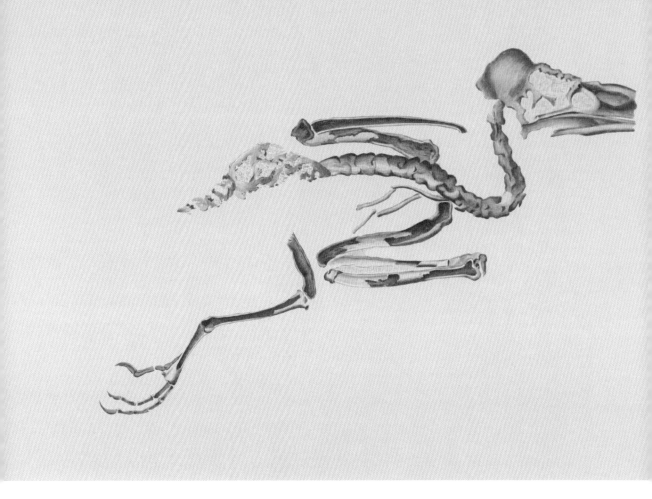

化石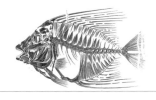

　　科学家在研究中发现，地球形成至今已有大约
46 亿年的时间了，地球上的生命出现，至今已有大
约 38 亿年的时间。漫长的时间里，无数生物在地球
上生活过，很多物种如今已经灭绝，但它们的遗体或
生活时的痕迹，可能会被当时的泥沙掩埋了起来。条

件合适的情况下，随着时间的推移，遗体或痕迹就会被保存成化石。化石有着重要的研究意义，可以为科学家们提供研究生命演化的线索，为地球上过去生命的存在提供证据。科学家们通过对化石的研究，可以追溯地球上生物的发展演化，推演出过去地球上发生过哪些重大事件……

化石的形成

　　不是所有生命的遗体都能演变成化石，只有极少数能够最终以化石的形式被保存下来并被人类发现。那些遗体能变成化石的生命，通常有着坚硬的身体结构。它们身上的柔软部分，比如肌肉、表皮会被吃掉或腐烂掉，而骨骼、外壳这些抵抗力较强的坚硬物质会被留下来，被沉积物覆盖。沉积物中的矿物质会渗入其中，同时在热能和压力的作用下，骨头发生化学变化，随着时间的推移逐渐变成化石。

　　不过，并不是所有化石保存的都是身体坚硬的部分，生物的软体部分在机缘巧合下，也能演变成化石。比如，一些远古时代的昆虫，它们在活动时被树干分泌的树脂所包裹，随着时间流逝，树脂变成了琥珀，昆虫便也留在了其中。除了遗体化石外，生物生活的痕迹也能变成化石。这些遗迹化石或是动物留下的脚印，或是孔穴，或是一些行为痕迹。

　　除了动物外，植物也能形成化石，比如前面提到的琥珀。还有一些植物，它们的组织虽然随着时间的迁移早就炭化了，但是它们的轮廓却被炭质薄膜覆盖着保留了下来。

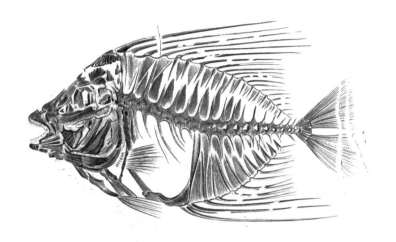

相对来说，海洋生命形成化石的概率更大些。这是因为它们死后能被海底的沉积物规律覆盖，而且遗体不易被较细小的沉积物破坏。陆地上的生命就没有这么好的天然条件了，通常它们只有遇到像火山爆发、山体滑坡这样的偶发事件时，才能被迅速掩埋，从而更有机会演变为化石。

蛇颈龙化石

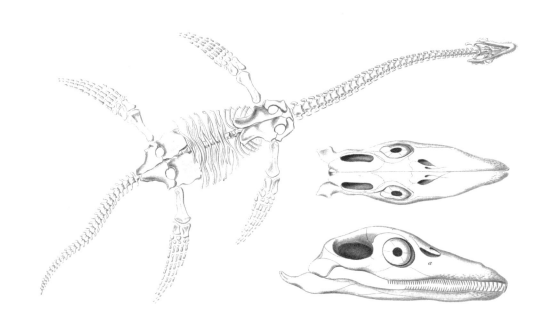

　　蛇颈龙（Plesiosaurus）生活在侏罗纪至白垩纪时代，它们是一类水生爬行动物，有着长长的颈部和四个鳍状肢。蛇颈龙体形庞大，体长可达十几米，堪称海洋一霸。中国也有蛇颈龙化石，比如在云南东北部中三叠世晚期地层中发现的早期蛇颈龙化石。

鸟类化石

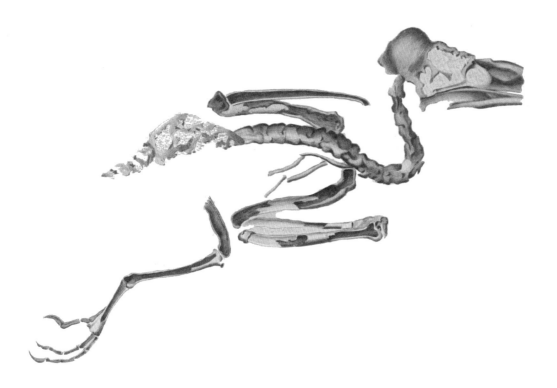

　　始祖鸟（Archaeopteryx）生活在侏罗纪时期，在被发现的化石中同时保存了羽毛。因此，始祖鸟一度被认为是鸟类的祖先。

大地懒化石

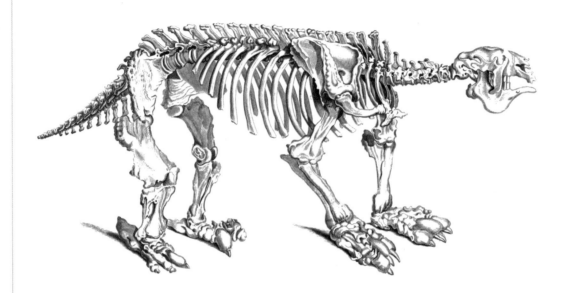

最早的大地懒（Megatherium）化石是 1788 年在阿根廷被发现的。它的体形巨大，身高甚至可达 6 米，生活在上新世早期至更新世末期之间的南美洲林地、草地和荒野地带。它的牙齿特征以及骨骼结构都与现在的树懒非常相似。

名词解释

A

孢子：部分真菌和植物进行无性生殖的生殖细胞。

孢子体：在植物世代交替的生活史中，能够产生孢子，具有双倍体的个体。

孢子囊：由植物或真菌制造并容纳孢子的组织。

B

背鳍：鱼背上的鳍，通常起平衡作用。

变态：生物在个体的发育过程中，形态和结构上发生了一系列变化。昆虫变态分为完全变态和不完全变态。

C

草本植物：通常指茎部支持力弱，比灌木或乔木矮很多的非木本植物。

产卵器：昆虫的外生殖器，一般由雌虫腹部的生殖节附肢特化而来。

常绿植物：能够在四季变化中一直长出新叶片，从而保持常绿状态的植物。

触角：一些节肢动物和软体动物头部的感觉器官，比如昆虫、蜗牛，触角形状多样，起到嗅觉、触觉、听觉的作用。

雌雄同体：动物同时具有雄性和雌性的性器官。

雌雄同株：植物同时具有雄性和雌性的生殖结构，通常指同一株花既有雌蕊又有雄蕊。

D

代谢：生物体内进行的一系列有序的、维持生命的化学反应。

担子：担子菌的产孢结构。

地衣：真菌和光合生物（绿藻或蓝细菌）的共生联合体。

冬眠：有的动物在冬季会进入休眠期。这时候，为节省能量，它们的身体机能会降到较低的水平。

多年生植物：那些个体寿命在两年或两年以上

的植物。

E

萼片：一种植物组织，通常呈叶状，是花萼的组成部分。

F

反刍：一些哺乳类动物将进食后的半消化食物从胃室再返回口中进行咀嚼的过程。

孵化：动物在卵内发育到一定程度后破膜到外界生活的过程，一般发生在卵生动物和卵胎生动物身上。

浮游生物：一般不具备运动器官的水生微小生物，通常在水域中以随波逐流的方式移动。

复眼：由不定数量的小眼组成的视觉器官。

G

根状茎：植物长在地下的

变态茎。

灌木：没有明显主干，比较矮小的多年生木本植物，一般呈丛生状态。

光合作用：通常指植物、藻类和一些微生物能够利用光能合成富能有机物并释放氧气的过程。

果实：果实分单果和由单果聚合而成的复果，是被子植物的子房或花的其他部分发育而成的器官。

H

花：被子植物的繁殖器官。

花瓣：花冠的组成部分，形态多样。

花萼：花最外轮的结构，由萼片组成。

花粉：种子植物上产生的一种细小的颗粒物，内含雄配子体和精子，通过传粉使卵细胞受精。

花冠：一朵花中所有花瓣的总称。

花序：花在花轴上的发育

和排列方式。

化石：古代生物的遗体、遗物或遗迹埋藏在地下变成的跟石头一样的东西。

回声定位：某些动物能通过口腔或鼻腔把从喉部产生的超声波发射出去，利用折回的声音来定向。

喙：一些脊椎动物的上下颌骨向前延伸突出去的、较狭窄的结构。

J

几丁质：一种碳水化合物，在甲壳类动物的外壳、昆虫的外骨骼以及真菌的细胞壁中有广泛的存在。

寄生：两种生物生活在一起，受益的一方为寄生者。受害的一方，也就是寄主，为寄生者提供居住场所和营养物质。

浆果：由子房发育成的柔软多汁、含多数种子的肉质果。

角蛋白：一种纤维结构的蛋白，是动物毛发、角、爪中的主要蛋白质。

鲸须：悬垂在须鲸类动物口腔中的一种纤维状物质，呈梳状，质地柔韧，不易折断，可以用来滤食水中的小鱼、小虾等食物。

臼齿：哺乳类或似哺乳类动物的口腔中位于末端的、较大的牙齿，主要用来研磨食物。

菌根：土壤中某些真菌与植物根的共生体。

L

冷血动物：即变温动物，仅能靠自身行为来调节体热的散发，或从外界环境中吸收热量来提高自身的体温。

卵生动物：以产卵的方式进行繁殖的动物，比如鸟。

卵胎生：某些动物，比如鲨鱼的卵在母体内发育，孵化成新的个体后才从母体中产出的生殖方式。

裸子植物：种子裸露，不产生果实的植物。

M

门齿：上下颌前方中央部位的牙齿，用于咬住和切断食物。

猛禽：一般指掠食性的鸟类，通常包括隼形目和鸮形目。

木本植物：这类植物的茎坚硬，有发达的木质部，木质部有细胞壁加厚、可运输水分的导管。

P

配子体：能产生配子（生殖细胞，即精子或卵子），进行有性生殖的单倍体植物。

Q

器官：指生物体上具有功能的身体结构，比如胃、花。

气孔：供呼吸、交换气

体或进行光合作用的可调小孔。

气生根：由暴露在空气中的不定根形成，可以吸收空气中的水分。

迁徙：动物沿着准确线路从一个地方进入另一个地方的行为。

前白齿：哺乳类动物位于犬齿和白齿之间的牙齿。

前胸背板：昆虫前胸胸节上存在的背板。

球果：大部分裸子植物，比如松柏，具有的生殖结构，可以产生孢子、胚珠或花粉。

球花：裸子植物在开花期的繁殖器官。

球茎：植物的一种地下变态茎，一般是球形或扁球形的，肉质，是某些种子植物的无性繁殖器官，还能储存休眠期所需的营养物质。

犬齿：位于哺乳类或似哺

乳类动物门齿与前白齿之间的尖锐牙齿。

软骨：人或脊椎动物体内的一种结缔组织。

S

鳃：鱼、两栖动物、甲壳类动物和软体动物的呼吸器官，可以用来吸收溶解在水中的氧。

食草动物：通常是指那些以草或藻类为食的动物。

食肉动物：以肉类为主要食物的动物。

受精：指细胞和精子融合为受精卵的过程。

树栖：一般指动物适应于树上的生活并以树上为生活据点。

T

臀鳍：位于鱼体腹部中线、肛门后方的鳍。

W

外骨骼：生物的一种坚硬的外部结构，能够对柔软的内部器官进行构型和保护，不能生长但会定期更换。

温血动物：能够通过身体的体温调节机制调节自身体温，从而保证体温恒定。

无性繁殖：不经受精过程，不需要生殖细胞结合，直接由母体的一部分产生新个体的繁殖方式。

X

细胞：生物体基本的结构和功能单位。

性二态性：雌雄异体的有性生物中，雌性和雄性在结构和形态上存在明显的差异。

胸甲：龟鳖目动物龟壳的下部结构。

胸鳍：位于左右鳃孔的后侧，有使身体前进和控制方向或行进中迅速停下的功能。

雄蕊：被子植物花的雄性生殖结构。

驯化：将野生动、植物的自然繁殖过程变为人工控制下的过程。

Y

一夫多妻制：动物在

繁殖季节，一个雄性与多个配偶交配。

一夫一妻制：无论在繁殖期或是整个生命过程中，个体只拥有单一配偶的关系。

一年生：植物在当年内完成从发芽到死亡的整个生长周期。

蛹：一些昆虫从幼虫变化到成虫的一种过渡形态。

Z

杂食性动物：既取食植物又取食其他动物的动物。

植食性动物：以植物或藻类为食的动物。

种子植物：依靠种子进行繁殖的植物，包括裸子植物和被子植物。

子实体：高等真菌用来产生孢子的构造。